Norbert Golluch

VERRÜCKTE FORSCHUNG

Norbert Golluch

VERRÜCKTE FORSCHUNG

111 kuriose Hypothesen, Theorien und Experimente
von wiederbelebten Leichen bis Elefanten auf LSD

Bibliografische Information der Deutschen Nationalbibliothek:
Die Deutsche Nationalbibliothek verzeichnet diese Publikation in der Deutschen Nationalbibliografie; detaillierte bibliografische Daten sind im Internet über http://d-nb.de abrufbar.

Für Fragen und Anregungen:
info@rivaverlag.de

1. Auflage 2016
© 2016 by riva Verlag, ein Imprint der Münchner Verlagsgruppe GmbH
Nymphenburger Straße 86
D-80636 München
Tel.: 089 651285-0
Fax: 089 652096

Redaktion: Annett Stütze
Umschlaggestaltung und -abbildungen: Laura Osswald, München
Bilder: Getty Images: Seite 199, 212, 213, 214, 215, 217, 218, 220; Nationaal Archief / Spaarnestad Photo / Het Leven: Seite 200, 202, 203, 204, 205, 206, 207, 208, 209, 210, 211
Satz: Carsten Klein, München
Druck: GGP Media GmbH, Pößneck
Printed in Germany

ISBN Print: 978-3-86883-674-5
ISBN E-Book (PDF): 978-3-86413-837-9
ISBN E-Book (EPUB, Mobi) 978-3-86413-838-6

┌─ Weitere Informationen zum Verlag finden Sie unter ─────

www.rivaverlag.de

Beachten Sie auch unsere weiteren Verlage unter
www.muenchner-verlagsgruppe.de

Inhalt

Einleitung

Der verrückte Professor ist im kollektiven Denken seit Jahrhunderten eine feste Größe. Zur virtuellen Universität der akademischen Skurrilitäten und des wissenschaftlichen Grauens gehören der Dottore aus der »Commedia dell'Arte«, Frankenstein, Rabbi Löw und sein Golem aus der kreativen Anatomie, Stanley Kubricks Dr. Seltsam alias Dr. Strangelove, Professor Abronsius im »Tanz der Vampire«, Zukunftsforscher Dr. Emmett L. »Doc« Brown aus »Zurück in die Zukunft«, Dr. Sivana, der Erzfeind von Captain Marvel genauso wie Disneys Daniel Düsentrieb oder Knox in »Fix und Foxi« als Vertreter der Comic-Fakultät, um nur einige zu nennen. Diese Berühmtheiten finden ihre Entsprechung im wahren Leben und in der Wissenschaftsgeschichte; und oft ist die Realität noch viel berückender als jede Erfindung. Wissenschaftler sind eben spezielle Menschen – sie stellen Fragen, auf die sonst wohl niemand käme, fragen auch dort noch weiter, wo andere längst aufgegeben haben, denken kreuz und quer und im Kreis und um alle möglichen Ecken und kommen so zu den erstaunlichsten Erkenntnissen. Zu allen Zeiten haben Wissenschaftler die Menschheit durch ihr Handeln entscheidend vorangebracht – aber manchmal haben sie eben auch auf besondere Art und Weise erheitert und unterhalten.

Die faszinierendsten wissenschaftlichen Großtaten dieser sehr besonderen Spezies Mensch sind in diesem Buch zusammengetragen. Hier geht es um ausgeflippte Entdeckungen, kuriose Erfindungen, abwegige Geniestreiche, aberwitzige Irrwege, krasse Fehlschläge und verheerende Katastrophen von Männern und Frauen mit und ohne weißen Kittel oder

kurz gesagt: um den gesammelten Schatz der Wissenschaftsgeschichte an Skurrilitäten und Horror.

Aber vor allem geht es auch darum festzustellen, dass
scheinbare Spinner und Querdenker die Wissenschaft voran-
trieben, denn Fehler, Irrtümer und Irrwege sind bedeutende
Teile des Erkenntnisprozesses und ohne manchen uns heute
ausgesprochen skurril erscheinenden Denkansatz stünde die
Wissenschaft nicht an dem Punkt, den sie heute erreicht hat.
Wer sich lesend durch diese Seiten arbeitet, kann gewagten
Theorien folgen, missglückte Experimente miterleben, rein
zufällige Entdeckungen nachvollziehen, technischen Abwe-
gen folgen und hin und wieder auch explodierende Versuchs-
aufbauten bewundern. Erleben Sie Institute im Alarmzu-
stand und rauchende Laboratorien – und erfahren Sie dabei
ganz nebenbei, wie Wissenschaft funktioniert.

Kuriose Experimente, Theorien und Erfindungen

Der Weg der Erkenntnis ist nicht nur ein steiniger, sondern an manchen Stellen auch ein arg gewundener. Kuriose Hypothesen und Fragestellungen beflügelten die Wissenschaft, führten in Sackgassen oder zu auf den ersten Blick wertlosen Ergebnissen. Doch mit jedem Flopp kann im Ausschlussverfahren auch eine mögliche These widerlegt werden. Die Liste der auf diese Weise erfolgreich gestellten Fragen ist lang: Kann man mit dem Stein der Weisen gewöhnliche Materie in Gold verwandeln? Gibt es ein Perpetuum mobile, eine Maschine, die Energie aus dem Nichts schöpft? Sind Zeitreisen möglich? Wie viel LSD vertragen Elefanten? Warum haben Männer mit wenig Haaren so viel Sex? Wann genau – bitte Datum und Uhrzeit – malte van Gogh sein berühmtes Bild »Abendlandschaft beim Mondaufgang«? Können Büstenhalter bei Atomkatastrophen helfen? Wie lange dauert es, bis im Meer aus einem Wal ein Skelett geworden ist? Was ist das beste Verfahren, die männliche Vorhaut aus einem Reißverschluss zu befreien? Wie stark wirkt sich Country-Musik auf die Selbstmordrate aus? Kann man in Sirup schwimmen? Mögen Hühner schöne Menschen lieber als hässliche? Was geschieht, wenn man drei Erlöser in eine Gummizelle steckt? Wie lange braucht ein Tropfen Asphalt, bis er herabfällt? Lassen sich Kampfstiere aus der Ferne steuern? Manche dieser Fragen werden in diesem Buch beantwortet.

Beginnen wir mit einem Knalleffekt:

Chemie ist, wenn es stinkt und knallt

Das Problem bei diesem Zweig der Wissenschaft ist seine Komplexität und die Vielzahl der Möglichkeiten. Anfangs stochert der angehende Chemiker sozusagen im Nebel: In der Welt um ihn herum mischt sich dieses mit jenem, doch der wissenschaftlich ambitionierte Frühmensch kann zunächst einmal nichts weiter tun als staunend zusehen. Kocht man Erbsen mit Mettwürsten und gibt Wasser hinzu, entsteht Erbsensuppe, aber das ist keine Chemie. Mit etwas Salz schmeckt es besser. Mischt man Kartoffeln mit Sand, knirscht es später zwischen den Zähnen, aber das ist Physik. Gemenge aus Salz und Zucker oder aus Holzkohle und Weizenmehl bringen die Chemie ebenfalls nicht weiter, denn hier gilt: Mischt man Stoff A mit Stoff B, so passiert erst einmal gar nichts, und aus dem Forscher ist noch immer kein Chemiker geworden. Die Kette der Frustrationen geht weiter: Zinn und Schwefel verbinden sich nicht zum Stein der Weisen und Quecksilber und Phosphor transmutieren nicht zu Gold, nichts los in der Retorte. Doch dann geschieht Unerwartetes: Das Vermengen von Stoff C und Stoff D verursacht eine gewaltige Explosion – tragisch für den angehenden Chemiker, aber eine erste Erkenntnis für das Fach an sich ...

1359 – Bertholds legendärer Knall

Mitte des 14. Jahrhunderts (andere Quellen nennen 1353 als genaues Jahr) soll der Franziskanermönch und Alchimist Berthold Schwarz das nach ihm benannte Schwarzpulver erfunden haben. Der Legende nach soll er in einem Mörser Salpeter, Schwefel und Holzkohle miteinander vermischt und mit einem Stößel zerstampft haben. Dann stellte er Gefäß samt Stößel auf den Ofen und verließ sein Alchimistenlabor. Wenig später detonierte die Mischung mit einem gewaltigen Knall. Alchimist Schwarz und seine Mönchsgefährten eilten herbei und fanden, nachdem sie sich durch den Qualm gearbeitet hatten, einen komplett verwüsteten Raum vor. Nichts war mehr an seinem ursprünglichen Platz, Töpfe und Tiegel waren zerbrochen und die Wucht der Explosion hatte den Stößel des Mörsers mit einer solchen Kraft in den Deckenbalken gerammt, dass er nicht mehr herausgezogen werden konnte. Er hielt auch dann noch den Versuchen der Mönche stand, als sie ihn mit den wunderwirksamen Reliquien der Heiligen Barbara berührten ...

Wie gesagt, ein schöner Knalleffekt für den Beginn eines Buches, nur leider ist diese Geschichte eine Legende. Die Erfindung des Schwarzpulvers im europäischen Raum ist für das Jahr 1260 belegt, und in China und Arabien wurde es noch früher genutzt. Auch Berthold Schwarz, der später noch eine Schusswaffe, die sogenannte Steinbüchse, entwickelt haben soll, ist aller Wahrscheinlichkeit nach ein erfundener Erfinder. Und zu allem Überfluss hat der Name Schwarzpulver vermutlich auch nichts mit Berthold Schwarz zu tun – er soll von der Farbe der Mischung abgeleitet sein, die von der darin enthaltenen Holzkohle stammt. Ein einziges Lügengebäude also, aber sagen Sie selbst: Liest es sich nicht gut?

1490 – Wan Hu hebt ab

Noch wilder als die Legenden rund um Berthold Schwarz und das Schwarzpulver sind die Geschichten über den Chinesen Wan Hu, einen frühen Raketenpionier. Besagter Wan Hu soll ein chinesischer Mandarin gewesen sein, der sich gegen Ende des 14. Jahrhunderts auf einem Stuhl oder mithilfe eines Kastendrachens in den Himmel schießen lassen wollte. 47 Feuerwerksraketen sollten ihn emportragen, doch in Version 1 der Geschichte explodierte sein Beförderungsmittel bei der Zündung der Raketen noch am Boden und beförderte Wan Hu auf andere Weise als erwartet in den Himmel bzw. ins Nirwana oder zur nächsten Wiedergeburt. Version 2 der Geschichte lässt ihn immerhin aufsteigen, aber dann hoch oben im Feuer seiner Raketen verbrennen. Seriöse Forscher ordnen diese Version allerdings als europäische Verklärung in die Phase der Chinoiserie im 18. Jahrhundert ein, als die Chinabegeisterung in Kunst und Kultur schier unermesslich war. Immerhin kam Wan Hu zu Ehren: Auf der Rückseite des Mondes gibt es zu seinen Ehren einen Krater namens Wan-Hoo, der aber sicherlich nicht von seinen 47 Raketen in die Oberfläche des Mondes gesprengt worden ist.

1620 – Mäuse machen

Johan Baptista van Helmont (1580–1644), ein flämischer Universalwissenschaftler reinsten Wassers, der Interesse für Meteorologie, Astrologie, Alchemie, Pyrotechnik, Physik, Naturkunde, Magie, Anthropologie, Medizin, Botanik, Theologie, Metaphysik, Kosmologie und die Apothekerkunst zeigte und als Arzt und Alchimist arbeitete, war nicht unerheblich an der Entwicklung präziser wissenschaftlicher Methoden wie der quantitativen Analyse beteiligt. Sein Versuch, die stofflichen Zusammenhänge beim Wachstum eines Baumes präzise zu messen, endete zwar mit einer heute lustigen Schlussfolgerung, nämlich dass aus einem Sprössling in fünf Jahren ein beeindruckender Baum ausschließlich aus Wasser entstanden war. Jedoch gibt es einen weiteren Versuch in seiner wissenschaftlichen Karriere, der humoristisch durchaus noch mehr beeindruckt.

Als Anhänger der von Paracelsus begründeten Iatrochemie glaubte er, dass alle Lebensvorgänge chemische Prozesse seien, die er »Gärung« nannte und im Zusammenhang mit »gasförmigen Fermenten« sah. Dazu passte die Vorstellung von der Urzeugung oder Abiogenese, der spontanen Entstehung von Leben aus unbelebter Materie. Van Helmont beschrieb folgende Versuchsanordnung zur Erzeugung von Mäusen: Man fülle angefeuchtete Weizenkörner in einen Tonkrug, gebe einen schmutzigen Lappen dazu und warte drei Wochen. In dieser Zeit würde ein Ferment aus dem verschmutzten Stück Stoff die Weizenkörner in Mäuse verwandeln.

Der kritische Beobachter vermutet, dass der Krug vielleicht nicht sorgfältig genug abgedeckt war und sich nach einer so langen Zeit, wie es 21 Tage sind, darin etliche hungrige Mäuse versammelt haben dürften, die gequollene Weizenkörner für ausgesprochen lecker und nahrhaft hielten ...

> Van Helmont: »Ortus medicinae vel opera et opuscula omnia des Johann Baptist van Helmont«, Amsterdam 1648

1992 – Göttliches Hellblau

Wir wollen sie nicht dem Vergessen überlassen, die für den Kraft-Konzern tätige Chemikerin Ivette Bassa, die eine beachtliche Lücke in den US-amerikanischen Götterspeise-Regalen zu schließen wusste. Vor ihrer Großtat gab es Götterspeise in nahezu allen Farben, von Rot über Gelb nach Grün und … Nein, blaue Götterspeise war noch nicht zu haben, und genau das war die Leistung von Ivette Bassa: Sie schaffte es, jene Lebensmittelfarbe zu synthetisieren, welche leuchtend blaue Götterspeise überhaupt erst möglich macht. Die besagte Götterspeise heißt in den USA übrigens Jell-O, und es gibt sogar einen Jell-O-Gürtel, den Bundesstaat Utah mit seiner Hauptstadt Salt Lake City. Ohne Ivette Bassa müssten die Mormonen auf die Farbe Blau bei ihrer Lieblingsspeise verzichten. Die Chemikerin erhielt übrigens den Ig-Nobelpreis für die Entdeckung der Lebensmittelfarbe Blau – der satirisch gemeinte Ig-Nobelpreis, auch Anti-Nobelpreis genannt, ist eine Auszeichnung für wissenschaftliche Leistungen, die »Menschen zuerst zum Lachen, dann zum Nachdenken bringen«, und wird von vielen Preisträgern nicht unbedingt als Ehrung begriffen. Immerhin durfte Bassa im Firmenjet zur Verleihung reisen und wurde von einem Team ganz in Blau gekleideter Chemikerkollegen begleitet. Alle Teilnehmer der Zeremonie durften ein paar Löffel der blauen Götterspeise kosten. Vermutlich schmeckte sie göttlich.

1992 – Fußgeruch synthetisch

Leiden Sie unter Schweißfüßen? Dann machen Sie einen Fehler: Sie glauben vermutlich, dass Sie Schweißfüße haben und zack! – schon haben Sie welche! So oder ähnlich lautete eine Erkenntnis in einer Studie von F. Kanda, E. Yagi, M. Fukuda, K. Nakajima, T. Ohta und O. Nakata vom Shiseido Research Center in Yokohama. Die Herrschaften hatten aber auch untersucht, was denn da so intensiv riecht, wenn es zu Fußgeruch kommt: Es sind kurzkettige Fettsäuren. Die

Wissenschaftler extrahierten diese mit Ethyläther aus den Socken und von den Füßen der Patienten und analysierten sie anschließend mit Gaschromatografie und Massenspektrometer, das volle Waffenarsenal moderner Wissenschaft wurde zum Einsatz gebracht. Bei Versuchspersonen mit stark »duftenden« Füßen fand sich neben anderen Fettsäuren zum Beispiel Isovaleriansäure, wie sie in den Wurzeln des europäischen Baldrians vorkommt. Die Inhaltsstoffe wurden allesamt in einer Liste festgehalten. Und oh Wunder: Den Wissenschaftlern gelang es nun, Fußgeruch täuschend echt zu synthetisieren – ein enormer wissenschaftlicher Durchbruch.

Kanda F., Yagi E., Fukuda M., Nakajima K., Ohta T., Nakata O.: »Elucidation of chemical compounds responsible for foot malodour«, Br J Dermatol. Juni 1990; 122 (6): 771–6

1995 – Der wahre Grillmeister

Sie kennen das, wenn der Grill angezündet werden muss und Sie noch klassisch mit Holzkohle arbeiten wollen: Entweder Sie verwenden pyrotechnisch ineffektive, aber sichere Zündhilfen aus dem Baumarkt oder Sie fackeln sich das Brusthaartoupet mit übermäßig viel flüssigem, rußendem Grillanzünder ab, ohne dass die Holzkohle auch nur daran denkt, endlich loszuglühen und die nötige Hitze zu liefern. Hier wollte George Goble, Computerexperte an der Purdue University in West Lafayette, Indiana, neue Maßstäbe setzen: Mithilfe einer brennenden Zigarette und etwas flüssigem Sauerstoff sorgte er dafür, dass ein Holzkohlegrill in weniger als drei Sekunden einsatzbereit war – Weltrekord! Es muss ein beeindruckendes pyrotechnisches Ereignis gewesen sein, denn danach verwarnte ihn die örtliche Feuerwehr, sich keinesfalls je wieder mit flüssigem Sauerstoff in der Nähe eines Grills erwischen zu lassen ...

2001 – Supersprengstoff entdeckt

Wer denkt schon an Sprengstoff, wenn er mit Silizium arbeitet? Das Element steckt in Kieselsteinen und Computerchips und hat ein ziemlich friedliches Image – kann es aber auch ganz gewaltig krachen lassen. Bei einer Explosion in ihrem Labor mussten Wissenschaftler der technischen Universität München dies auf drastische Weise erfahren. Sie hatten winzige, schwammförmige Teilchen aus Silizium bei extrem tiefen Temperaturen untersucht, um deren optische Eigenschaften zu verstehen. Dabei ist Silizium eigentlich ein unproblematisches Material für den Umgang im Labor. In diesem Fall allerdings war das mit flüssigem Stickstoff auf minus 180 °C tiefgekühlte, schwammartige Material durch eine undichte Stelle im Versuchsaufbau mit Sauerstoff aus der Luft in Kontakt gekommen. Bei der Explosion entfaltete sich eine siebenmal größere Energie als bei derselben Menge TNT und die Detonation erfolgte mit einer eine Million Mal höheren Geschwindigkeit als bei herkömmlichem Sprengstoff. Obwohl nur ganze 6 Mikrogramm des schwammartigen Siliziums in die Luft flogen, erschreckte ein gewaltiger Knall die Wissenschaftler. Laborleiter Dmitri Kovalev erklärte das mit der höheren Bindungsenergie von Silizium und einer besonderen Eigenschaft der Substanz in diesem Versuch: Ein Kubikzentimeter des Materials besitzt etwa 1 000 Quadratmeter Oberfläche. Überlegungen, die Reaktion zur Energiegewinnung oder als Antrieb für Satelliten zu gebrauchen, verwarfen Experten allerdings wegen der dazu notwendigen niedrigen Temperaturen.

Justin Mullins: »Superpowerful explosive arrives with a bang«, New Scientist, 1. August 2001
Justin Mullins: »Biggest Bang», New Scientist, 4. August, 2001, S. 15

2007 – Überraschende Duftquelle

Wer denkt nicht an leckeres Vanilleeis oder an Apfelstrudel mit Vanillesoße, wenn er einen Kuhfladen sieht? Wie, Sie nicht? Merkwürdig. Der japanische Wissenschaftler Mayu Yamamoto und sein Team jedenfalls müssen wohl daran gedacht haben, denn sonst hätten sie wohl kaum eine Methode zur Gewinnung von Vanillearoma aus Kuhfladen entwickelt. Im Normalfall wird Vanillearoma aus Vanilleschoten (echtes Vanillearoma) oder aus Lignin, einem Holzzellstoff, hergestellt. Der wiederum ist auch in den Hinterlassenschaften von pflanzenfressenden Tieren vorhanden und kann so als Quelle für vollmundige Vanille dienen. Ob Kuh, Pferd, Schaf oder Ziege – sie alle könnten dank Mayu Yamamoto etwas zum Geschmack Ihres Vanillepuddings beitragen. Es gelang Mayu Yamamoto, Vanillin, Protocatechusäure, Vanillinsäure und Syringasäure in einem besonders umweltschonenden Verfahren zu gewinnen. In einem Kilogramm Wiederkäuerkot sind immerhin 5 Mikrogramm verwertbares Aroma enthalten. Für eine große Schüssel Vanillepudding braucht man ungefähr ... ach, lassen wir das, ich mag Schokolade ohnehin lieber.

Mayu Yamamoto: »Novel Production Method for Plant Polyphenol from Livestock Excrement Using Subcritical Water Reaction«, International Journal of Chemical Engineering, 2008

2011 – Graphen zum Sparpreis

Das Graphen ist ein ganz besonderes Material, eine spezielle Form von Kohlenstoff, bei dem die Atome in einer einzigen Lage in Form eines Wabengitters angeordnet sind. Technisch eignet es sich hervorragend für den Gebrauch in Solarzellen, in Computerbausteinen, Gasdetektoren und Ultrakondensatoren. Leider ist es sehr schwierig herzustellen und deshalb extrem teuer. Lange schon waren Forscher auf der Suche nach preisgünstigeren Möglichkeiten. 2011 entdeckten Forscher an der Rice University in Houston, Texas, einen Weg, Graphen aus recht preiswerten Quellen zu gewinnen. Unter der Leitung von James M. Tour stellten sie in einem relativ einfachen Prozess Graphen her: Die Kohlenstoffquelle – die Experimentatoren benutzten unter anderem Schokolade, Kunststoffteile, Cookies, wie sie die örtlichen Pfadfinder verkauften, Kakerlaken und Hundekot – wird auf eine Kupferfolie gelegt und in einem Ofen bei 1050 °C etwa 15 Minuten lang gebacken. Das Graphen sammelt sich dann an der Unterseite der Kupferfolie. Dieses Verfahren sorgt dafür, dass die Sammlung von Hundekot in Tüten endlich einen neuen Sinn gewinnt.

Ob er vom eben geschilderten Verfahren gehört hatte? Im nordirischen Enniskillen jedenfalls versuchte ein Mann namens Paul Moran, aus seinen eigenen Fäkalien Gold zu gewinnen, indem er sie auf einer elektrischen Heizung erhitzte. Es gelang leider nur bedingt: Sie fingen Feuer, es entstand ein beachtlicher Sachschaden und Paul landete im Gefängnis.

Gedeng Ruan, Zhengzong Sun, Zhiwei Peng, James M. Tour: »Growth of Graphene from Food, Insects and Waste«, ACS Nano, 2011

Physik, Mechanik und Kernkraft in der Küche

Die Physik erforscht die grundlegenden Erscheinungen der Natur, sucht nach den Eigenschaften der Dinge und den Gesetzmäßigkeiten in ihren Beziehungen. In dieser Hinsicht ist diese Wissenschaft eine aus dem Alltag erwachsende – viele Erkenntnisse aus der allgemeinen Erfahrung fließen ein. Was also sind Physiker? Pragmatische Beobachter alltäglicher Abläufe, akribisch dokumentierende Buchhalter der Welt um uns herum, vielleicht kaum mehr als nur Handwerker, die aus ihrem Tun Gesetze ableiten? Nein, sie mögen es etwas exotischer. Physiker sind (meist) Männer, die unter Bäumen liegend Äpfel fallen sehen, zuckende Froschschenkel an galvanische Elemente anschließen, sich mittels genialer Apparaturen den Tod durch Blitzschläge einfangen oder sich zumindest an summenden Spulen Stromschläge holen, extrem kleine Teilchen mit riesenhaftem Aufwand wahnsinnig beschleunigen und Experimente aufbauen, die nachher nicht funktionieren wie die Maschine, die aus dem Nichts Energie gewinnen soll. Nicht zu vergessen: ältere Herren, die an der Weltformel herumrechnen und dem Betrachter frech die Zunge herausstrecken.

1598 – Drebbels Patent auf das Perpetuum mobile

Der Klassiker unter den Projekten »verrückter« Wissenschaftler ist wohl jene Maschine, die funktionieren soll, ohne dass von außen Energie zugeführt wird: das Perpetuum mobile. Der desillusionierende Erhaltungssatz der Energie sollte noch bis Mitte des 19. Jahrhunderts auf sich warten lassen, folglich gab es schon in früher Vergangenheit Dutzende von Ideen, mithilfe einer solchen Maschine sogar Energie erzeugen zu wollen. Erste Ansätze stammen aus dem vorderen Orient und Indien, um 1150 beschreibt ein indischer Mathematiker ein Rad, dessen Speichen mit Quecksilber gefüllt sind, eine Idee, die etwa 80 Jahre später der französische Baumeister Villard de Honnecourt aufgriff und weiterführte. Zu Zeiten der Renaissance befassten sich Francesco di Giorgio, Leonardo da Vinci oder Vittorio Zonca mit Perpetua mobilia, wobei Leonardo da Vinci bereits erkannte, dass eine solche Maschine den Gesetzen der Mechanik widerspricht.

1598, knapp 80 Jahre nach der Vincis Tod, ließ sich jemand ein Perpetuum mobile patentieren: Der niederländische Alchemist und Erfinder Cornelis Jacobszoon Drebbel (1572–1633) versuchte sich so die Rechte an einer Maschine zu verschaffen, die eigentlich von Jakob de Graeff Dircksz (1571–1638) und Pieter Jansz Hooft (1575–1636) gemeinsam entwickelt worden war. Sie war im eigentlichen Sinne kein Perpetuum mobile, weil das Gerät seine Energie aus den Veränderungen von Temperatur und Luftdruck gewann. Cornelis Jacobszoon Drebbel gab diese Erfindung als seine eigene aus und führte sie am Hof des englischen Stuart-König Jakob I. vor. Als die Maschine durch Fehlbedienung einen Defekt zeigte, wurde sein Schwindel entlarvt, denn Drebbel war nicht in der Lage, sie zu reparieren und wieder zum Laufen zu bringen. Leider ist dieses mechanische

Artefakt, ein wichtiges Dokument der Zeitgeschichte, in keinem Museum zu sehen, weil es irgendwann verloren ging.

Einen solchen Betrug hätte Cornelis Jacobszoon Drebbel eigentlich nicht nötig gehabt, denn auch seine eigenen Ideen bewiesen einen kreativen Geist. Unter anderem gilt er als Erfinder des Tauchbootes und eines sich mit einem Thermostaten selbst regelnden Ofens.

1775 war das Jahr, in dem die Begeisterung für das Perpetuum mobile einen Dämpfer erhielt: Die französische Akademie der Wissenschaften erklärte, dass sie keine weiteren Perpetua mobilia (interessanter Plural, oder?) mehr zur Prüfung annähme, weil endlos laufende Maschinen ein Ding der Unmöglichkeit seien. Trotz dieser richtigen Erkenntnis versuchen sich noch heute Erfinder und Tüftler, aber auch Physiker und Atomwissenschaftler an dieser aussichtslosen Problemstellung, einige davon gegen besseres Wissen, aber mit guten kommerziellen Aussichten ...

1753 – Gedankenblitz

Dem in Estland geborenen Georg Wilhelm Richmann (1711–1753) verdanken wir nicht nur die Richmann'sche Mischungsregel. Wie, kennen Sie nicht? Das ist die unentbehrliche Formel zur Bestimmung der Mischungstemperatur, die Sie jeden Morgen anwenden können, um die Temperatur Ihres hoffentlich noch immer heißen Kaffees zu bestimmen, wenn Sie kalte Milch hineingießen.

$$T_m = \frac{m_1 \cdot c_1 \cdot T_1 + m_2 \cdot c_2 \cdot T_2}{m_1 \cdot c_1 + m_2 \cdot c_2}$$

wobei m_1, m_2 für die Masse der Körper 1 und 2 steht, c_1, c_2 für die spezifische Wärmekapazität der Körper 1 und 2 steht, wobei T_1 für die Temperatur des Körpers 1 steht, welcher Wärme abgibt, also der wärmere ist, wobei T_2 für die Temperatur des Körpers 2 steht, welcher Wärme aufnimmt, also der kältere ist und wobei T_m für die gemeinsame Temperatur beider Körper nach der Mischung steht. Alles klar?

Nein, Georg Wilhelm Richmann hätte sich auch fast in bedeutender Weise um die Physik des Blitzschlages verdient gemacht, wäre nicht besagter Blitz dagegen gewesen. Der Professor für Physik an der Akademie der Wissenschaften in Sankt Petersburg brillierte nicht nur mit experimentellen Ergebnissen in Sachen Temperatur, sondern machte auch die elektrische Aufladung der Atmosphäre vor und während eines Gewitters zu seinem Forschungsgegenstand. Das wurde ihm am 6. August 1753 zum Verhängnis, als der Blitz in eine aus dem Dach des Instituts aufragende Eisenstange einschlug, an dessen Ende der Forscher ein von ihm entwickeltes Elektrometer installiert hatte. Eine Feuerkugel soll in seinen Kopf eingedrungen sein, was ihn sofort ins Jenseits beförderte. Friede seiner Asche.

1758 – Der Barfuß-Philosoph

Der schottische Philosoph und Physiker Robert Symmer (1707–1763) deutete die Elektrizität auf eine ganz besondere Weise und erschuf dabei seine eigene Variante der sogenannten Fluidumhypothese. Die besagt, dass durch Reiben elektrisch aufladbare Gegenstände ein besonderes Fluidum enthalten, das durch die Wärme der Reibung austrete und andere Stoffe in sich hineinziehe. Robert Symmer hatte aber festgestellt, dass nicht nur diese Anziehungskraft existiert, sondern offenbar auch eine Abstoßungskraft. Daher gäbe es nicht eine einzige elektrische Kraft, sondern zwei getrennte, antagonistische Kräfte, die jede ihr eigenes Fluidum besäßen. Damit formulierte er einen Widerspruch zur Meinung von Benjamin Franklin, die viele Anhänger besaß. Letztendlich hatte er die beiden unterschiedlichen elektrischen Ladungszustände von Körpern entdeckt, heute bekannt als + und –, diese Beobachtung jedoch nicht richtig gedeutet. Vor ihm hatte bereits Charles du Fay 1733 eine Theorie über zwei Arten der Elektrizität formuliert und diese beiden Varianten als Glaselektrizität (électricité vitreuse) und Harzelektrizität (électricité résineuse) bezeichnet.

Auf die Idee mit den beiden elektrischen Kräften kam Robert Symmer vermutlich, als er sich die Socken auszog. An zwei übereinander getragenen Seiden- und Wollstrümpfen beobachtete er das Phänomen der Abstoßung. Weil er im Folgenden immer wieder seine getragenen Socken an Gegenständen rieb und somit mit nackten Füßen auftrat, gaben sein Publikum und seine gelehrten Kollegen ihm den Spitznamen »Barfuß-Philosoph«.

Robert Symmer: »New Experiments and Observations concerning Electricity« in Philosophical Transactions of the Royal Society, veröffentlicht in vier Teilen:
»Of the Electricity of the Human Body and the Animal Substances Silk and Wool«, Februar 1759, S. 340–347
»Of the Electricity of Black and White Silk«, Mai 1759, S. 348–358
»Of Electrical Cohesion«, Juni 1759, S. 359–370
»Of Two Distinct Powers in Electricity«, Dezember 1759, S. 371–389

1769 – Glaube kontra Wissenschaft

An der folgenden Katastrophe ist kein verrückter Wissenschaftler, sondern der Glaube (oder Aberglaube) schuld. Weil Sie aber sicher gerne etwas über eine derartig haarsträubende und überflüssige Katastrophe lesen, konnte das Ereignis hier nicht ausgelassen werden. Die Gemeinde San Nazzaro hatte es abgelehnt, an ihrer Kirche einen Blitzableiter anbringen zu lassen. Begründung: Blitze kommen von Gott, und Gott zerstört keine Kirchen. Irrtum. Weite Teile der Stadt wurden in Mitleidenschaft gezogen, 3 000 Menschen starben, als 1769 die Kirche von San Nazzaro vom Blitz getroffen wurde, denn – kaum zu glauben – in der Kirche lagerten 90 Tonnen Schießpulver. Vielleicht war Gott auch darüber sauer. Immerhin gab man nach der Katastrophe die Theorie vom göttlichen Schutz für Kirchen auf und installierte Blitzableiter, lagerte aber weiterhin Schießpulver in beachtlichen Mengen in der Kirche.

1772 – Menschen unter Strom

Wissenschaftler spekulierten im 18. Jahrhundert über die Möglichkeit eines Zusammenhangs zwischen den produktiven Energien der Natur, speziell den Kräften der Fortpflanzung, und der gerade erst entdeckten Elektrizität. Wenn es zwischen diesen Kräften einen Zusammenhang gäbe, so folgerte der französische Physiker Sigaud de Lafond (1730–1810), so dürfte durch kastrierte Männer, also Eunuchen, kein elektrischer Strom fließen. Sehr zur Freude des Herzogs von Chartres (Vorführungen vor Aristokraten waren überaus beliebt) unternahm Lafond 1772 einen Versuch mit einer Reihe von entmannten Probanden, die sich an den

Händen hielten. Sie zeigten dieselben Zuckungen wie etliche Jahre zuvor, nämlich 1746, 180 keineswegs kastrierte Soldaten und später 700 Kartäusermönche, die von Jean-Antoine Nollet (1700–1770), Geistlicher und erster französischer Professor für Experimentalphysik, unter Strom gesetzt wurden. Was für ein Bild: 700 zuckende Mönche! Derselbe Nollet kann auch den zweifelhaften Ruhm für sich einfordern, als Erster ein Lebewesen mit Elektrizität aus einer sogenannten Leidener Flasche ins Jenseits befördert zu haben: Ein armer Spatz starb als sein Versuchsobjekt.

Jean-Antoine Nollet: »Essai sur l'electricité des corps«, Paris 1746

1803 – Giovanni Aldini lässt Tote zwinkern

Giovanni Aldini (1762–1834) war ein ausgesprochen vielseitiger italienischer Physiker, der sich unter anderem mit der Konstruktion von Leuchttürmen befasste, aber auch den Feuerschutz zu seinem Thema machte. Außerdem erforschte er den sogenannten Galvanismus, die Muskelkontraktionen durch elektrischen Strom, benannt nach ihrem Entdecker Luigi Galvani, Aldinis Onkel. Der hatte für seine publikumswirksamen Versuche mit elektrischem Strom Froschschenkel verwendet und seine Ergebnisse 1791 veröffentlicht.

Aldini führte Galvanis Experimente fort. Er stellte nicht nur Versuche an Tieren, sondern auch an den Leichen von Gehenkten und Enthaupteten an und führte sie in aller Öffentlichkeit vor. Aldini glaubte, durch seine Stromstoßversuche in den Leichen »in höchstem Maße konservierte Lebenskraft« nachzuweisen.

Über seine Experimente mit der Leiche des Doppelmörders George Foster im englischen Newgate-Gefängnis und die dabei aufgetretenen gruseligen Ereignisse existiert ein detaillierter Bericht. Die Anwendung des elektrischen Stroms führte zu Zuckungen im Gesicht des Hingerichteten, ein Auge öffnete sich, die rechte Hand hob und verkrampfte sich, die Beinmuskeln zeigten Anzeichen von Bewegung. Das Publikum war sehr beeindruckt, man glaubte, Aldini habe den Mörder tatsächlich zum Leben erweckt. Ein Zuschauer verließ geschockt die Veranstaltung, ging nach Hause und – starb.

Man war beeindruckt von Aldinis Taten, schien doch das ewige Leben nun auf rätselhafte Weise greifbar. Der Kaiser von Österreich schlug ihn zum Ritter der Eisernen Krone. Materiell gut versorgt, gründete Aldini in Bologna eine Schule für Naturwissenschaften.

1842 – Der mit dem Huhn schießt

Tornados haben oft schwerwiegende Folgen, ganze Ortschaften werden von ihnen dem Erdboden gleich gemacht. Ist es der Wissenschaft möglich, durch neue Erkenntnisse die Folgen dieser verheerenden Stürme zu mindern? Schon möglich, dachte sich der Mathematiker, Astronom und Meteorologe Elias Loomis (1811–1889), Professor am Western Reserve College in Ohio. Doch er gab seinen Forschungen im Jahre 1842 eine unerwartete Richtung.

Farmer hatten festgestellt, dass ihr Geflügel – Hühner, Gänse und Truthühner – nach einem Tornado quasi nackt, nämlich gerupft, umherlief. Wo war das Federkleid der Tiere geblieben? Und ließ sich diese Beobachtung ausnutzen, um den Druck und die Windgeschwindigkeiten im Innern eines Tornados näher zu bestimmen? Man vermutete, dass die Federn eines Vogels im Zentrum eines Tornados einfach explodierten, denn Federn besitzen einen gewissen Innendruck, weil sie leicht gebaut sind und durch die Luft in ihrem Innern den äußeren Druck der Atmosphäre ausgleichen müssen. Wenn nun ein Vogel in das Zentrum eines Tornados geriete, dem Ort mit sehr niedrigem atmosphärischen Druck, müsste es dort nicht seine Federn von innen heraus zerreißen?

Diese als Frage formulierte Hypothese hatte einen Schwachpunkt: Nie hatte man nach einem Tornado explodierte Federn gefunden. Aller Wahrscheinlichkeit nach wurden nämlich in der Luft befindliche Vögel von einem solchen Wirbelsturm einfach davongeweht, bevor sie das Zentrum des Sturms erreichten.

Auf jeden Fall wollte Elias Loomis unbedingt wissen, ob sich der Effekt der gerupften Hühner wissenschaftlich als Maß für die Geschwindigkeit eines Tornados nutzen ließe. Da er gerade keinen Tornado zur Hand hatte, griff er zur Kanone. Er lud ein senkrecht nach oben ausgerichtetes Geschütz mit 100 g Schwarzpulver und verschoss damit keine Kanonenkugel, sondern ein (bereits totes) Huhn. Das arme Tier bewährte sich nur ungenügend als Projektil und wurde von der Wucht der Explosion in seine Einzelteile zerlegt, die Loomis sorgfältig untersuchte. Er fand vermutlich alles, was zu einem Bausatz Huhn dazugehört – und einen Haufen Federn, die vom Druck der Explosion bis zu 10 m hoch in die Luft geblasen worden waren. Die Explosionsgase hatten eine Geschwindigkeit von 341 Meilen pro Stunde – 548,7 km/h – erreicht, wie Loomis errechnete, genug, um das Huhn in kleine Stücke zu zerreißen. Loomis vermutete aber, dass eine geringere Explosionsgeschwindigkeit das Huhn möglicherweise nur »entkleidet« hätte, ohne dass der Körper hätte Schaden nehmen müssen. Dabei übersah er, dass auf das Huhn in der Kanone nicht nur die hohe Geschwindigkeit der

Explosionsgase einwirkte, sondern dass auch der Druck der Explosion eine Rolle spielte.

Mehr als ein Jahrhundert später überprüfte der Wissenschaftler Bernard Vonnegut (1914–1997), der Bruder des Schriftstellers Kurt Vonnegut, tätig an University Albany, State University of New York, die Ergebnisse von Elias Loomis durch eigene Untersuchungen. Er platzierte mehrere Vögel in einem Windkanal und rupfte sie mit zunehmenden Windgeschwindigkeiten. Es stellte sich heraus, dass die Vögel ihre Federn nach keinem reproduzierbaren Muster verloren – der Nackte-Vogel-Effekt erwies sich als Messverfahren für die Geschwindigkeiten von Tornados als völlig ungeeignet. Allerdings ist diese Erkenntnis nicht die wichtigste wissenschaftliche Tat Bernard Vonneguts. Als durchaus nützlich erwies sich die von ihm erfundene Impfung von Wolken mit Silberjodid, um sie zum Abregnen anzuregen.

Elias Loomis ist erwähnt in Hazen, H. A.: »The Tornado«, New York: N. D. C. Hodges. S. 143

Bernard Vonnegut: «Chicken Plucking as Measure of Tornado Wind Speed«, 1975

Howard G. Altschule, Bernard Vonnegut: »The Smell of Tornadoes», Weatherwise, Vol. 50, No. 2, 1997, S. 24–5

1845 – Trompeter auf der Eisenbahn

Bis heute erfreuen uns naturwissenschaftlich gebildete Mitmenschen mit ihrem Wissen über den Dopplereffekt, wenn ein hupendes Automobil oder ein Krankenwagen im Einsatz an uns vorüberfährt. Schuld daran ist Christian Andreas Doppler (1803–1853), ein österreichischer Mathematiker und Physiker, der diesen Effekt erkannt und erstmals wissenschaftlich beschrieben hat. Wissenschaftler wurde Christian Doppler nur, weil er zu schwach für den Beruf des Steinmetzes war, die sonst übliche berufliche Beschäftigung in seiner Familie. Er wurde aber auch nicht Lehrer, wie es sonst Nachkömmlingen mit schwacher körperlicher Konstitution angeraten wurde, sondern durfte Physik, Philosophie und Mathematik studieren, was eine akademische Karriere ermöglichte, die ihn schließlich in das Amt eines ordentlichen Professors beförderte.

Auf den Dopplereffekt brachten ihn die Sterne und ihre Farbigkeit. Seine wissenschaftliche Arbeit zu diesem Thema mit dem Titel »Über das farbige Licht der Doppelsterne und einiger anderer Gestirne des Himmels«, erstmals veröffentlicht in einer Lesung am 25. Mai 1842 vor der Königlich Böhmischen Gesellschaft der Wissenschaften, fand aber in der Fachwelt der Astronomie jener Tage wenig Anklang. Seine These, die unterschiedliche Farbigkeit der Sterne stehe in Zusammenhang mit der Entfernungsänderung während der Aussendung der Lichtstrahlen, passte nicht in das damalige Bild eines Himmels mit sich nur sehr langsam bewegenden Gestirnen. Also entschloss sich Christian Doppler, seine Erkenntnisse mit irdischen Mitteln zu beweisen: Was für Lichtstrahlen galt, sollte auch für Schallwellen richtig sein. Das bewies sein niederländischer Forscherkollege Christoph Heinrich Dietrich Buijs Ballot (1817–1890) am 3. und 5. Juni 1845, indem er Trompeter auf einem mit 70 km/h fahrenden Eisenbahnzug und neben der Bahnstrecke positionierte. Jeweils einer von ihnen spielte den Ton G, während der andere lauschte und die Tonhöhe bestimmte. Gleichgültig, ob der Zuhörer sich auf dem Bahndamm oder im Zug befand – für ihn hörte sich der gespielte Ton um einen Halbton verschoben an. Christoph Buijs Ballot war übrigens der Begründer der Meteorologie und Klimaforschung in den Niederlanden.

Den optischen Dopplereffekt bestätigte der britische Astronom und Physiker William Huggins 20 Jahre später anhand der Rotverschiebung im Spektrum des ganz und gar nicht fixen Fixsterns Sirius. Christian Doppler hatte sich also nicht geirrt.

Christian Doppler: »Über das farbige Licht der Doppelsterne und einiger anderer Gestirne des Himmels«, Abhandlungen der Böhmischen Gesellschaft der Wissenschaften, Reihe 5, Band 2, 1842, S. 465, und Separatdruck, Prag 1842

1881 – Der gesprengte Kopf des Esels

Wie kann man die Leistungsfähigkeit von schnellen fotografischen Platten besonders überzeugend belegen? Diese Frage stellte sich vermutlich ein Fotograf namens Van Sothen, tätig an der United States School of Submarine Engineers in Willett's Point, New York. Berufskollegen von Van Sothen und andere Nutzer fotografischer Verfahren hatten die Qualitäten der sogenannten »instantaneous photography« – der unmittelbaren Fotografie – mit fotografischen Platten, die nur einen Sekundenbruchteil für ihre Belichtung brauchten, bereits eindrücklich demonstriert. Eadweard Muybridge fotografierte 1878 galoppierende Pferde, der Neurologe Jean-Martin Charcot hielt feinste Muskelbewegungen seiner Patienten fotografisch fest.

Diese Demonstrationen erschienen Van Sothen vermutlich zu unspektakulär. Er wählte einen anderen, eindrücklicheren Versuchsaufbau. Am 6. Juni 1881 dokumentierte er fotografisch einen makaberen Vorgang: Einem Esel wurde ein kleiner Sack mit 6 Unzen Dynamit und einem Zünder auf die Stirn gebunden und mithilfe von Drähten mit einem elektromagnetischen Zündgerät verbunden. In denselben elektrischen Kreislauf war der Zündmechanismus einer Kamera eingebunden. Als der Zündmechanismus betätigt wurde, sprengte das Dynamit dem Esel den Kopf weg. Das ohnehin schon alte Tier wurde sozusagen auf dem Altar der Wissenschaft geopfert – dennoch überflüssig, weil es durchaus ausgereicht hätte, einen explodierenden Sprengkörper zu fotografieren. Aber wozu sachlich bleiben, wenn man doch stattdessen einen hübsch gruseligen Tierversuch machen kann?

Das fotografische Ergebnis der Versuchsanordnung war das sensationelle Bild eines aufrecht stehenden Esels ohne Kopf, aufgenommen mit der zu jener Zeit sensationellen Verschlusszeit von 1/250 Sekunde, dokumentiert im *Scientific American* vom 24. September 1881. Die Fotografie erregte viel Aufmerksamkeit in der damaligen Fachwelt, die vermutlich auch zum größten Teil aus Eseln bestanden haben wird.

1894 – Die chronofotografische Flinte

Der Arzt Étienne Jules Marey (1830–1904) war so etwas wie ein Universalgelehrter und in vielen Wissenschaftsfeldern tätig. Zudem kann man ihn einen begnadeter Bastler und Mechaniker nennen. Seine Forschungsergebnisse auf dem Gebiet der Kreislaufphysiologie waren ebenso richtungweisend wie seine Erkenntnisse über Untersuchungstechniken wie die Blutdruckmessung, die grafische Aufzeichnung von Messergebnissen oder die technischen Voraussetzungen der Kinematografie. Besonderes leistete er für die wissenschaftliche Fotografie.

Das Studium biologischer Bewegungsphänomene war ab etwa 1880 sein Forschungsgegenstand; Marey begann mit dem Einsatz der Einzelbildfotografie zur Darstellung von Bewegungsabläufen.

Die sogenannte Chronofotografie war ein Thema der Zeit: Neben Marey entwickelten Ottomar Anschütz, Albert Londe und Eadweard Muybridge Verfahren, um Bewegungsabläufe im Bild festzuhalten und dadurch auch im Detail sichtbar zu machen. Marey verbesserte die von ihm verwendeten Geräte ständig, nach einer gewehrähnlichen Kamera (»chronofotografische Flinte«, 1882) setzte er lichtempfindliche Streifen aus Papier und Zelluloid ein (1888) und kam schließlich zur Verwendung einer 35-mm-Kamera (1899).

Mithilfe dieser Geräte untersuchte der Forscher unter anderem die Bewegungsabläufe von Insekten, dokumentierte den Vogelflug, die unterschiedlichen Gangarten von Pferden oder das Fallen von Katzen. Die Vorführung von Mareys mit 60 Bildern pro Sekunde angefertigten Aufnahmen beeindruckte das anwesende wissenschaftliche Publikum sehr, zeigten die Bilder doch die erstaunliche Fähigkeit von Katzen, durch Verlagerung des Trägheitsmoments den freien Fall so zu steuern, dass das Tier immer auf seine Pfoten fällt.

Marey schätzte die Chronofotografie im Gegensatz zum Medium Film, weil dieser letztlich nur wiedergab, was man ohnehin sehen konnte. Über Möglichkeiten wie die Zeitlupe verfügte er noch nicht, deren Anfänge liegen um das Jahr 1914.

Etienne-Jules Marey: »Le fusil photographique«, La Nature, 22 avril (1882), S. 326
Etienne-Jules Marey: »Le Mouvement«, Paris, 1894

1927 – Das »Pitch Drop«-Experiment

Thomas Parnell (1881–1948), Professor für Physik an der Universität von Queensland in Brisbane, Australien, realisierte 1927 einen seltsamen Versuchsaufbau: Er füllte einen unten verschlossenen Glastrichter mit heißem Pech und legte damit den Grundstock für das vermutlich langweiligste Experiment aller Zeiten, eine echte Geduldsprobe für Forscher und Laien. Zunächst ließ Parnell die schwarze, teerartige Flüssigkeit abkühlen und sich setzen. Dann – drei Jahre waren mittlerweile ins Land gegangen und man schrieb mittlerweile das Jahr 1930 – öffnete er das untere Ende des Trichters und setzte ein Becherglas darunter. Das hatte – zunächst einmal – nichts zur Folge. Volle acht Jahre später fiel der erste Tropfen in das Glas unter dem Trichter. Keines Menschen Auge beobachtete ihn dabei und auch die weiteren Tropfen – bis auf einen – fielen unbeobachtet.

Der nächste Tropfen Pech folgte im Februar 1947 – es war der zweite und der letzte zu Lebzeiten von Prof. Parnell. Tropfen Nummer drei stürzte sich im April 1954 in die Tiefe, ihm folgten weitere im Mai 1962, im August 1970, im April 1979, im Juli 1988, im November 2000 und der bisher letzte im April 2014. Bis dato sind also insgesamt erst neun Tropfen gefallen. Parnells Experiment demonstriert die besondere Eigenschaft der ungewöhnlichen Flüssigkeit Pech. Es wirkt bei Raumtemperatur eher wie schwarzes Gestein, ist aber in Wirklichkeit eine Flüssigkeit, nur eben als solche etwa 100 Milliarden Mal zähflüssiger als Wasser.

Zurück zur Beobachtung dieses bedeutenden Experiments: Die vorsorglich installierte Kamera, die den fallenden Tropfen Nummer acht im Jahr 2000 ablichten sollte, versagte im entscheidenden Moment – Schuld war ein Fehler in der Stromversorgung. Tropfen Nummer acht brachte die Welt der Wissenschaft übrigens noch in eine weitere schwere Entscheidungskrise: Weil die Universität eine Klimaanlage angeschafft hatte, änderte sich die Größe des Tropfens. Er wurde der bisher voluminöseste seiner Art. Als der große Augenblick seines Falles sich näherte, waren sich die betreuenden Wissenschaftler im Klaren darüber, dass dieser Tropfen sich nicht vollständig von der Pechmasse im Trichter trennen würde, denn dazu hing dieser nicht hoch genug über dem Auffanggefäß. Prof. John Sydney Mainstone (1935–2013), der das Experiment mittlerweile betreute und für insgesamt 52 Jahre bis 2013 begleiten sollte, stand vor einem »schrecklichen ethischen Dilemma«, wie er es formulierte. Sollte man in das Experiment eingreifen und den Tropfen abtrennen? Durfte man den Trichter höher hängen? Oder sollte man Prof. Parnells Experiment wie ein Kulturdenkmal betrachten und deshalb unverändert lassen? Man entschied sich für den Eingriff, sicherte dieser doch für die nächsten Jahrhunderte den weiteren Fortgang des Experimentes im Sinne von Prof. Parnell.

Auch mit Tropfen Nummer neun ging nicht alles glatt: Er kollidierte im Becherglas mit den Resten von Tropfen Nummer acht und konnte nicht vollständig herabfallen. Immerhin wurde dieser Vorgang auf Video festgehalten und kann nun online betrachtet werden – ein ungeheures Erlebnis.

Tropfen Nummer zehn hat jetzt seine eigene Webcam, wer mag, kann schon in etwa 12 bis 14 Jahren dabei sein, wenn er fällt. Nehmen Sie sich also für die Jahre 2027 bis 2029 besser nichts Besonderes vor, um den fallenden Pechtropfen nicht zu verpassen. Das Becherglas unter dem Trichter wurde übrigens gegen ein neues, leeres ausgetauscht:

http://www.thetenthwatch.com/feed/

Ein möglicherweise von Thomas Parnells Versuchsaufbau inspiriertes, vergleichbares Experiment läuft seit Oktober

1944 am Trinity College in Dublin. Allerdings wird hier Teer verwendet. Dort gelang es 2013 erstmals, einen fallenden Tropfen auf Video aufzuzeichnen.

1993 – Eine echte Autorenleistung

Bei der folgenden wissenschaftlichen Studie geht es einmal nicht um den Inhalt, der ohnehin recht mager ausfällt: Die Veröffentlichung umfasst ungefähr neun Seiten und befasst sich mit verschiedenen Ansätzen in der Behandlung des akuten Myokardinfarktes. Beeindruckender als ihr Inhalt (den vermutlich nur Fachleute beurteilen können) ist die Anzahl der Autoren. Neben den zuerst genannten E. Topol, R. Califf, F. Van de Werf und P. W. Armstrong werden noch 972 Koautoren aufgezählt, also etwas mehr als 100 Autoren pro Seite. Der Text umfasst – ohne Gewähr – 4155 Wörter, sodass der einzelne Autor durchschnittlich etwa 4257 Wörter beigetragen hat. Mediziner aus Australien, Belgien, Deutschland, Frankreich, Großbritannien, Irland, Israel, Kanada, Luxemburg, den Niederlanden, Neuseeland, Polen, Spanien, der Schweiz und den Vereinigten Staaten sind beteiligt. »Et al.« in der Autorenzeile unten bedeutet übrigens »et alii« – zu Deutsch: und andere.

Halt, 2015 übertrafen Atomphysiker am europäischen Kernforschungszentrum CERN die enorme Autorenleistung von 1993: Zwei zusammenarbeitende Forschergruppen hatten mit den riesigen Detektoren am LHC exotische und extrem seltene subatomare Teilchen beobachtet, darüber acht Seiten mit für Laien vollkommen unverständlichen physikalischen Erkenntnissen verfasst und weitere fünf Seiten mit einer Autorenliste angehängt. 3000 Forscher waren beobachtend und auswertend beteiligt, als B-Mesonen in zwei

Myonen zerfielen, ein Ereignis mit einer Wahrscheinlichkeit von eins zu 10 Milliarden.

E. Topol, R. Califf, F. Van de Werf und P. W. Armstrong et al.: »An International randomized trial comparing four thrombolytic strategies for acute myocardial infarction«, The New England Journal of Medicine: 329, No. 10: S. 673–682

CMS Collaboration & LHCb Collaboration: »Observation of the rare Bs0 →μ+μ– decay from the combined analysis of CMS and LHCb data«, Nature, März 2015

2001 – Wo genau ist die Hölle?

Wie konnte die Astrophysik nur so versagen? Zahllose optische Fernrohre und Radioteleskope sind in das Weltall gerichtet, die besten Köpfe unserer Zeit machen sich Gedanken über das Universum. Warum mussten erst der amerikanische TV-Prediger Jack Van Impe und seine Ehefrau Rexella Van Impe aus Michigan kommen, um uns zu erklären, wo die Hölle zu finden ist, erfüllt doch jedes schwarze Loch physikalisch gesehen offensichtlich alle Voraussetzungen für diesen finsteren Ort der Verdammnis? Für diese Entdeckung gab es 2001 sogar den Ignoble-Preis.

Jack Van Impe erfreute die Welt der Wissenschaft mit einer weiteren, diesmal nur numerologisch basierten Erkenntnis: Versteckt im Wort COMPUTER findet sich die Zahl des Teufels, 666. Zu dieser Erkenntnis gelangt jeder engagierte Numerologe, indem er das sogenannte additive Sechseralphabet verwendet. Das A entspricht der Zahl 6, B = 12, C = 18 usw. Addieren wir die Buchstaben des Wortes in COMPUTER:

C = 18
O = 90
M = 78
P = 96
U = 126
T = 120
E = 30
R = 108
666

Quod erat demonsteandum – was zu beweisen war. Wussten Sie nicht schon immer, dass Ihr Computer des Teufels ist? Diese Erkenntnis hindert Jack und Rexella Van Impe allerdings nicht daran, ihre Erkenntnisse über YouTube zu verbreiten und auf ihrer Website »JVI – The Bible Prophecy Portal of the Internet« um Spenden zu werben sowie religiöse Medien für schnöden Mammon zum Kauf anzubieten.

2004 – Schleim im Pool

Sie wachen eines Tages auf, wollen sich wie jeden Morgen mit ein paar Bahnen im Swimmingpool fit halten, holen zum Kopfsprung aus und bleiben starr wie eine Salzsäule am Beckenrand stehen: Ihr geliebtes Schwimmbad ist voller Sirup – vielleicht voller Zuckerrübensirup, möglicherweise auch Ahornsirup. In dieser Situation wären Sie froh, wenn Ihnen jemand die Frage beantworten könnte: Können Menschen in Sirup genauso gut schwimmen wie in Wasser?

Die US-Forscher Edward Cussler und Brian Gettelfinger haben das experimentell für Sie geklärt. Sie lösten 300 kg Guarkernmehl in einem 25-m-Schwimmbecken auf. Das natürliche, aus der Guarbohne gewonnene und auch in Lebensmitteln verwendete Verdickungsmittel machte das Wasser dick wie Nasenschleim. 16 Freiwillige schwammen je einmal in Wasser und ein zweites Mal im Schleim, während die Forscher ihre Zeiten stoppten. Die Ergebnisse unterschieden sich nicht um mehr als 4 Prozent, was im Rahmen der Messungenauigkeiten liegt. Ihrer morgendlichen Schwimmübung stünde also nichts im Wege, auch wenn in Ihrem Pool kein reines Wasser mehr plätschert.

> Brian Gettelfinger, E. L. Cussler: »Will Humans Swim Faster or Slower in Syrup?«, American Institute of Chemical Engineers Journal, Vol. 50, 11. Oktober 2004, S. 2646 f.

2011 – Hobbies from Hell

Hobbies from hell – mit diesen drei Worten kommentierte ein hellsichtiger Zeitgenosse die Aktivitäten von Richard Handl (*1980) aus dem südschwedischen Ängelholm, Sohn eines Apothekers und von Chemie begeisterter Autist. Als besagter Richard Handl arbeitslos wurde, beschloss er, sich mit Do-it-yourself-Aktivitäten die Zeit zu vertreiben. Allerdings wählte er ein etwas gefährliches Betätigungsfeld. Zunächst wollte er nur eine Sammlung aller im Periodensystem vorkommenden Elemente anlegen, was er allerdings wieder aufgab, weil einige dieser Elemente zu gefährlich und vor allem zu instabil sind und sich bereits nach wenigen Minuten in radioaktive Strahlung auflösen.

Doch dann verfiel Herr Handl auf eine Idee, die ihn zwar berühmt machen, aber auch ins Gefängnis bringen sollte: den Bau eines Atomreaktors in seiner Küche.

Handl gab ein Vermögen für die notwendigen Materialien und Ausrüstungsgegenstände aus, erwarb über das Internet unter anderem einen Geigerzähler, spaltbares Material aus dem Ausland und begann – aus reiner Neugierde – damit zu experimentieren. Zu seiner Sammlung gehörten zu diesem Zeitpunkt bereits Americium, Thorium, Tritium, Radium und Uran. Da aber offenbar seine Kenntnisse in Physik und Chemie nicht ganz ausreichten, misslangen seine Experimente auf dem Weg zur Kernspaltung hin und wieder. So versuchte er zum Beispiel, die radioaktiven Elemente zu mischen, in dem er sie in hochkonzentrierter Schwefelsäure kochte, was eine heftige Reaktion im Kochtopf auf seinem Herd und fast eine Explosion zur Folge hatte. Handl nannte sie in seinem Blog »Richard's Reactor« selbstironisch »the meltdown«. Der Mann mit Kernkraftambitionen führte seine Wahnsinnsaktionen keineswegs im Geheimen durch; brav berichtete er der interessierten Öffentlichkeit über seine Fortschritte. Auch machte er sich, vermutlich unter dem Eindruck seines Fast-Super-GAUs, Gedanken darüber, ob sein Vorgehen im Rahmen der Gesetze stattfände.

Als er am 18. Juli 2011 deshalb per Mail bei der zuständigen Behörde, der SSM Swedish Radiation Safety Authority nachfragte, ließen die Beamten sich Zeit. Dann endlich kam die Polizei – am 22. Juli 2011 wurde Richard Handl verhaftet. Sein Computer und das radioaktive Material in seinem Apartment wurden beschlagnahmt. Nachdem man festgestellt hatte, dass die radioaktive Strahlung in Handls Wohnung im üblichen Rahmen blieb und er kein Schläfer einer terroristischen Vereinigung, sondern einfach nur ein einsamer Bastler war, ließ man ihn wieder laufen. Die Presse berichtete weltweit über Handl und seinen Küchenreaktor, sein Ruhm erreichte sogar Australien.

Befürchtungen, Richard Handl habe an einer Atombombe gearbeitet, konnten die Behörden verneinen. Er hätte dazu eine kritische Masse von 50 kg Radium oder 6 kg Plutonium gebraucht – er hatte gerade einmal 5 g.

Übrigens erklärte Richard Handl, er wolle, weil ihm von staatlicher Stelle weitere einschlägige Experimente verboten wurden, wie sein Vater Apotheker werden.

> »Atom splitting in my kitchen was a hobby, man tells Swedish police«, The Guardian
> »Swedish man detained for building nuclear reactor in kitchen», The Australian News

2013 – Im Iran wurde eine Zeitmaschine erfunden

Ein solches Gerät beflügelt bereits seit Jahrhunderten den Ideenreichtum von Erfindern und Forschern. Obwohl ernsthafte Wissenschaftler an der Möglichkeit von Zeitreisen zweifeln, werden immer neue Konzepte entwickelt und immer neue Versuche unternommen, Zeitmaschinen zu bauen. Gegen die Möglichkeit einer Zeitmaschine spricht übrigens das »Großvater-Paradoxon«, ein ziemlich brutales, aber die Sachverhalte klärendes Gedankenspiel: Was würde geschehen, wenn ein Zeitreisender in die Vergangenheit zurückkehren und seinen Großvater ermorden würde? Damit hätte er die Geburt seines Vaters und damit auch seine eigene verhindert. Unser Mörder würde dann in der Zukunft nicht existieren. Wie aber kann er dann in die Vergangenheit reisen, um seine Tat auszuführen? Wenn er nicht in die Vergangenheit reist und sein Großvater am Leben bleibt, kann er aber in die Vergangenheit reisen und seinen Großvater umbringen ... Über derartigen Gedanken könnte man verrückt werden.

Der Physiker Stephen Hawking meint zum Thema Zeitreisen sinngemäß: »Offenbar sind Zeitreisen aus der Zukunft in die Vergangenheit auch nicht möglich. Sonst würden uns doch ständig irgendwelche Touristenhorden aus dem Jahr 2500 heimsuchen.«

Nun ist es aber doch geschehen: Einem iranischen Wissenschaftler ist es offenbar gelungen, Raum und Zeit zu bändigen. »Ali Razeghis Zeitreisemaschine« arbeitet nach Auskunft ihres Konstrukteurs mit komplexen Algorithmen, ist aber leider nicht in der Lage, einen Passagier durch die Zeit zu transportieren. Immerhin: Wenn man die Maschine berührt, sagt sie einem die Zukunft voraus – auf 98 Prozent präzise für die nächsten fünf bis acht Jahre. Zehn Jahre brauchten er und 179 weitere Mitarbeiter für das Gerät, das sogar in ein PC-Gehäuse passt.

Man sollte die Möglichkeiten dieser Erfindung nicht unterschätzen: Irans Regierung kann mit ihrer Hilfe die Schwankungen der Kurse von Währungen und Ölpreisen quasi vorausahnen und sich auch auf kriegerische Verwicklungen vorbereiten, weil sie ja bereits die Zukunft kennt.

Bisher wurde das Gerät aus Angst vor Raubkopien durch die Chinesen noch nicht der Öffentlichkeit zugänglich gemacht. Es soll aber eines Tages Staaten und sogar Einzelpersonen zum Kauf angeboten werden. Eine besondere Freude des Erfinders: Während die USA Millionen und Abermillionen in die Konstruktion einer Zeitmaschine investierte, konnte Ali Razeghi sie für einen Bruchteil der Kosten realisieren.

Manchmal makaber: Medizin

Die Voraussetzungen für das heilende Personal vergangener Zeiten waren denkbar schlecht: Weder wussten Heiler, Bader, Kräuterweiber, Schamanen oder Medizinmänner, wie so ein Mensch von innen aussieht, noch wie er funktioniert. Man glaubte von der Antike bis weit in die Neuzeit an die Theorie der vier Körpersäfte Blut (sanguis), Schleim (phlegma), gelbe Galle (cholera) und schwarze Galle (melancholia). Diese mussten im Gleichgewicht sein, ansonsten wurde der Mensch krank. Die Anatomie steckte noch in den Kinderschuhen, die grundlegende Daumenregel bei Operationen lautete noch: Wenn man ein Loch in den Körper eines Menschen schneidet, stirbt er aller Wahrscheinlichkeit nach. Krankheitserreger waren unbekannt, statt Viren und Bakterien hatte man schlechte Ausdünstungen im Verdacht. Erfahrungswerte bestimmten den Einsatz von Medikamenten und Heilmethoden, die manchmal dem Kranken mehr schadeten als die Krankheit selbst. Man ließ zur Ader oder setzte Blutegel an, verabreichte Arsenik, Quecksilber und Schwefel oder verarbeitete tierische Körperteile wie Schweinespeck, Entenschnäbel und Maulwurfsblut zu Arzneien. Auch das Tragen von Amuletten war beliebt, wenn auch wirkungslos. Der Weg der Erkenntnis war ein steiniger, oft auch ein schmerzhafter und blutiger, weil er über teils makabere Experimente führte. Aber die Helden der Medizin beschritten ihn mutig und oft mit erstaunlich wenig Rücksicht auf die eigene Person ...

1603 – Stoffwechsel im Selbstversuch

Was gibt es nicht alles zu erforschen und womit fängt man am besten an? Mit sich selbst, ganz klar. Der italienische Mediziner Santorio Santorio oder auch Sanctorius (1561–1636) war vermutlich einer der ersten wirklich exakten Wissenschaftler. Er wollte genau wissen, wo Speisen und Getränke blieben, wenn er sie seinem Körper einverleibte. Für seine Versuche konstruierte er eigens Messaufbauten wie zum Beispiel eine Stoffwechselwaage. Mit deren Hilfe stellte er fest, dass in der Summe das Gewicht der eingenommenen Speisen und Getränke nicht mit dem seiner Ausscheidungen übereinstimmte – irgendwo fehlte etwas. Diese unglaubliche Erkenntnis war das Ergebnis 30-jähriger Arbeit. Dabei dienten ihm sowohl seine eigene Person als auch Galileio Galilei, mit dem er befreundet war und wissenschaftlich zusammenarbeitete, als Versuchskaninchen. Er arbeitete, aß und schlief auf besagter Stoffwechselwaage, um das genaue Funktionieren der Verdauungsprozesse seines Metabolismus studieren zu können.

Der bereits genannten Freundschaft und kollegialen Zusammenarbeit mit dem größten Genie seiner Zeit ist es zu verdanken, dass Santorio einige von Galileis Erfindungen für medizinische Zwecke nutzen durfte und es so zur Entwicklung eines Thermometers und einer Pulsuhr kam, die im medizinischen Alltag eingesetzt werden konnten. Besonders übergewichtigen Wissenschaftlern ist die Nutzung von Santorio Santorios Stoffwechselwaage auch heute noch anzuraten.

> Santorio Santorio: »Methodi vitandorum errorum omnium, qui in arte medica contingunt libri XV, quorum principia sunt ab auctoritate medicorum, & philosophorum principum desumpta, eaque omnia experi-

mentis, & rationibus analyticis comprobata«, Apud
Petrum Aubertum, Venedig 1630; 1. Auflage: 1603
Santorio Santorio: »De Statica Medicina«, 1614

1711 – Das Elixier der Unsterblichkeit

Wer bei ätherischen Ölen an etwas angenehm-aromatisches,
dem Geruchssinn schmeichelndes und den Geist befreiendes
denkt, liegt bei diesem aromatischen Öl völlig daneben. Das
nach seinem Hersteller Konrad Dippel (1673–1734) benannte »Oleum animale aethereum Dippleri«, zu deutsch Dippels Tieröl, wurde nach einer Rezeptur seines Erfinders in
zwei Destillationsstufen gewonnen. In Phase 1 der Herstellung wurden Knochen und andere tierische Abfallprodukte
zu Knochenteer verarbeitet. In Phase 2 wurde dieser Knochenteer destilliert, wobei besagtes stark riechendes Tieröl
gewonnen werden konnte. Es wird einem anderen, bereits
bekannten Tieröl, dem »Oleum animale foetidum crudum«,
im Duft in keiner Weise nachgestanden haben. Wo aber liegt
der Irrsinn in dieser zu damaligen Zeiten sicherlich häufiger
angewandten alchemistischen Methode?

Wie bei modernen Wissenschaftlern in vielen Fällen auch,
lag Dippels grober Irrtum in der Interpretation seiner Ergebnisse. Wie der Gelehrte der Idee verfallen konnte, dieses hochgradig mit dem Tod in Verbindung stehende, widerwärtig rie-
chende Produkt könne ein »Elixir vitae«, also eine Art Essenz
der Unsterblichkeit und zugleich eine Art alles heilende Univer-
salmedizin sein, wird auf immer Dippels Geheimnis bleiben.
Dippel vertrat die Ideen von Heilung und Unsterblichkeit in
einer Dissertation und rieb Patienten, die zum Beispiel an
Typhus oder Epilepsie erkrankt waren, mit dieser stinkenden Brühe ein. Ein weiteres Einsatzgebiet: Als Mischung mit

Terpentinöl wurde es zum »Oleum contra Taeniam Chaberti« und kam als Bandwurmmittel zum Einsatz.

Auch wenn man die Wirksamkeit von Dippels Tieröl in der Humanmedizin anzweifelt: In der Chemie bzw. Alchemie spielte es eine gewisse Rolle. So verwendete der Farbenhersteller Johann Jacob Diesbach, der in Dippels Laboratorium arbeitete, dessen Tieröl zur Herstellung des besonders lichtechten Farbstoffes Berliner Blau. Für die Hobby-Alchimisten unter den Lesern: Kochen Sie einfach ein paar Cochenille-Läuse in Alaun und Eisensulfat und fällen Sie anschließend den gewünschten Farbstoff mit Dippels Tieröl aus.

Des Weiteren bestand 1827 die Beschichtung der ersten von Fotopionier Joseph Nicéphore Niépce (1765–1833) verwendeten fotografischen Platten aus Judäa-Asphalt, aufgelöst in Dippels Tieröl, das somit an der Entstehung der ersten Fotografien überhaupt in entscheidender Weise beteiligt war.

Johann Konrad Dippel wurde übrigens auf Burg Frankenstein im Odenwald geboren; mancher Literaturhistoriker hält den Theologen, Alchemisten, Anatom und Arzt für das Vorbild des Wissenschaftlers Viktor Frankenstein in Mary Shelleys Roman *Frankenstein*, denn die Autorin soll die Region bereist und möglicherweise sogar die Burg besucht haben.

> Johann Konrad Dippel: »Vittae animalis morbus et medicina suae vindicata origini«, (1711), Dissertation in Medizin, Leiden

1771 – Überleben in der Kiste

Der Chemiker und Physiker Joseph Priestley (1733–1804) machte sich um die Herstellung und Forschung über die Wirkung zahlreicher Gase verdient. Unter anderem untersuchte er auch die Eigenschaften eines ganz besonderen und für das Leben bedeutsamen Gases, des Sauerstoffs. Dabei entwickelte er ausgesprochen einfallsreiche Versuchsanordnungen: 1771 zeigte er zum Beispiel dank einer einfachen Konstellation, dass es eine symbiotische Beziehung zwischen Tieren und Pflanzen gibt. Er platzierte eine Maus in einem luftdicht versiegelten Glasbehälter – mit dem zu erwartenden Ergebnis: Das Mäuschen starb nach kurzer Zeit. Ähnlich erging es einer Pflanze. Wenn er aber Maus und Pflanze gemeinsam in solch einem Behälter unterbrachte, überlebten beide. Priestley schloss daraus, dass Pflanze und Tier wechselseitig dafür sorgten, dass die Luft im Behälter atembar blieb.

Obwohl Joseph Priestley in zahlreichen weiteren Versuchen die Eigenschaften von Sauerstoff beschrieb, begriff er zeitlebens nicht, dass er ein neues Element entdeckt hatte. Er nannte Sauerstoff »dephlogisticated air«, eine Bezeichnung, die im Zusammenhang mit der damals gängigen Phlogiston-Theorie über Verbrennungsprozesse zu verstehen ist, welche besagt, dass bei Verbrennungsprozessen jedem brennbaren Gegenstand eine Substanz namens Phlogiston entweicht, die umgekehrt bei Erwärmung wieder in die Körper eindringt.

Im September 2011 wiederholte Ian Stewart, Professor an der Universität von Plymouth, Priestleys Versuch in einer XXL-Version: Er bestückte einen 8 m langen, 2 m breiten und 2,50 m hohen Container mit 150 Pflanzen und ersetzte die Maus durch ein anderes Lebewesen: sich selbst. Gemeinsam mit Chinaschilf, Mais, Bananenpflanzen und anderem Grünzeug verbrachte er 48 Stunden in dem luftdicht versiegelten Behälter, der im Eden Project, einem botanischen Garten in Cornwall, wie ein Terrarium ausgestellt war und von Besuchern begutachtet wurde. Wissenschaftlerkollegen hielten über eine Sprechverbindung Kontakt mit dem Probanden, er beschäftigte sich mit seinem Notebook, las oder strampelte auf einem Fitnesstrainer, damit den Pflanzen genügend ausgeatmetes Kohlendioxid zur Verfügung stand. Dennoch schwankte der O_2-Gehalt der Atemluft stark und Stewart litt wegen der zu geringen Sauerstoffkonzentration unter Kopfschmerzen. Außerdem quälten ihn Schlafstörungen durch die für die Fotosynthese notwendige konstante Beleuchtung. Hinzu kam die hohe Luftfeuchtigkeit. Doch als Mann der Wissenschaft stand er das durch – und wir fragen uns: Warum tat er das nur? Wollte er beweisen, dass man schlecht schläft und Kopfschmerzen bekommt, wenn man in einem Terrarium lebt? Dass Pflanzen für den Sauerstoff in unserer Atemluft unerlässlich sind, war schon vor seiner wissenschaftlichen Großtat der allgemeine Wissensstand.

> Joseph Priestley: »An Account of Further Discoveries in Air«, by the Rev. Joseph Priestley, LL.D. F. R. S. in Letters to Sir John Pringle, Bart. P. R. S. and the Rev. Dr. Price, F. R. S. Phil. Trans. 1. January 1775

1804 – Der Ekel-Doktor

Die Gelbfieber-Epidemie von 1793, die größte in der amerikanischen Geschichte, kostete in Philadelphia im Bundesstaat Pennsylvania 5000 Menschen das Leben, etwa ein Zehntel der Bevölkerung starb an der Seuche. 17 000 Menschen flohen, um der Krankheit zu entkommen. Die Ärzte standen der von den Karibikinseln eingeschleppten Krankheit hilflos gegenüber, vermuteten Miasmen – giftige Ausdünstungen in der Luft – als Ursache und behandelten die Kranken auf abenteuerliche Art und Weise. Abführmittel schwächten die Kranken weiter, Quecksilber vergiftete sie zusätzlich, Aderlässe raubten ihnen die letzte Kraft. Auf der Suche nach der Ursache geriet eine Ladung verdorbener Kaffeebohnen in Verdacht, die Mediziner suchten überall, nur nicht an der richtigen Stelle. Die Tatsache, dass die Anzahl der Fälle im Winter deutlich zurückging, brachte den amerikanischen Arzt Stubbins Ffirth (1784–1820) auf die Theorie, dass Gelbfieber womöglich gar keine ansteckende Krankheit sei, sondern ein Produkt der warmen Jahreszeit. Die Hitze und die dadurch entstehenden Belastungen sollten nach Meinung von Ffirth das Gelbfieber verursachen – an eine eventuelle sommerliche Mückenplage dachte er nicht.

Um seine These zu beweisen, von der er offenbar felsenfest überzeugt war, brachte sich der todesmutige Mediziner so intensiv wie möglich in Kontakt mit den Ausscheidungen Kranker. Das bedeutet im Falle des Gelbfiebers, welches Blutungen im Magen-Darm-Trakt verursacht: Er rieb sich mit Urin, Blut, Speichel und sogar dem schwärzlichen Erbrochenen von Gelbfieber-Kranken ein, goss sich die infektiösen Sekrete auf die Augäpfel, brachte sich offene Wunden bei und diese mit den Körperflüssigkeiten in Kontakt und soll sogar so weit gegangen sein, Erbrochenes zu trinken. Erstaunlicherweise blieb er gesund und sah damit seine Behauptung als erwiesen an, was er 1804 öffentlich machte. Sein Überleben verdankte er allerdings der mehr oder weniger zufälligen Tatsache, dass er die Proben seiner Patienten in einer Phase genommen hatte, in der die Erreger nicht mehr aktiv waren – er konnte sich gar nicht anstecken.

Mehr als sechs Jahrzehnte später stellte der kubanische Arzt und Wissenschaftler Carlos Juan Finlay de Barrés (1833–1915) fest, dass es einen Zusammenhang zwischen Gelbfieber und der Mückenplage gab. Die stechenden Insekten unterschiedlicher Arten übertragen den Erreger. Es sollte weitere Jahrzehnte dauern, bis seine Erkenntnisse in den Kampf gegen die Seuche einflossen.

Mittlerweile schützt eine wirksame Impfung gegen das von Viren verursachte Gelbfieber, die in den 1940er-Jahren von dem südafrikanischen Virologen Max Theiler entwickelt wurde. Er erhielt dafür 1951 den Nobelpreis für Medizin.

> Stubbins Ffirth: »A Treatise on Malignant Fever; with an Attempt to Prove its Non-contagious Non-Malig-nant Nature«, 1804, Graves, Philadelphia

1818 – Experimente mit einem Gehenkten

Der britische Mediziner und Professor für Naturgeschich-te und Chemie Andrew Ure (1778–1857), Dozent an der Andersons Institution in Glasgow, befasste sich vor allem mit dem Einsatz von Chemie in Manufakturwesen und In-dustrie, zählte zu den Förderern der Astronomie und war Begründer einer Sternwarte. Er gehörte aber auch zu den »Galvanisten«, Wissenschaftlern, die auf teils abenteuer-liche Weise mit Elektrizität experimentierten, und er un-tersuchte allen Ernstes die Hypothese, man könne mithilfe von elektrischem Strom Verstorbene wiederbeleben. Damit bewegte er sich in den Fußstapfen von Luigi Galvani und Giovanni Aldini, die zuvor bereits ähnliche Experimente durchgeführt hatten. Er tat dies keineswegs im stillen Käm-merlein: Aufsehen erregten in Glasgow seine Experimente mit der Leiche des am 4. November 1818 hingerichteten Mörders Matthew Clydesdale, die er in einer Art anatomi-schem Theater vor Publikum vorführte. Da es sich bei der Hinrichtung von Clydesdale (und der eines anderen Ver-urteilten) um die erste seit zehn Jahren gehandelt hatte, dürfte das Interesse der Öffentlichkeit an einem derart schaurigen Ereignis groß gewesen sein.

Zur Seite stand Dr. Ure sein Kollege James Jeffray, Professor für Anatomie, Botanik und Geburtshilfe an der Universität Glasgow. Im Vordergrund der »Forschungen« standen jedoch keine anatomischen Erkenntnisse, sondern das wissenschaftliche Interesse am »Galvanisieren«, der Animation von Leichen durch elektrischen Strom nach dem Motto: Wenn Froschschenkel zucken, dann muss doch auch mit toten Menschen was zu machen sein ... Frühere öffentlich vorgeführte Experimente dieser Art dürften Mary Shelley auf die Idee zu ihrem Roman *Frankenstein* gebracht haben, der 1818 erschien.

Vorbereitend hatte Dr. Ure seine galvanische Batterie mit verdünnter Salpetersäure und Schwefelsäure geladen und konnte so eine Reihe von Experimenten mit der Leiche vorführen. Sowohl Jeffray als auch Ure betonten immer wieder, dass es ihnen vor allem um die Wiederherstellung von Leben ginge, wenn dies auch im Falle eines verurteilten Mörders nicht besonders wünschenswert sei, aber immerhin der Wissenschaft diene.

Als man mit der Stimulation der Leiche begann, wurde zunächst die Beinmuskulatur elektrisch angeregt, was zu so heftigen Ausschlägen führte, dass einer der Assistenten fast gestürzt wäre. Stromstöße am linken Zwerchfellnerv führten zum scheinbaren Wiedererwachen der Atmung – der Brustkorb des Toten hob und senkte sich im Rhythmus der Stromstöße.

Höhepunkt der fragwürdigen wissenschaftlichen Veranstaltung waren wohl diverse Versuche zur Reizung der Gesichtsnerven, die schreckliche Gesichtsausdrücke zur Folge hatten. Das fassungslose Publikum sah Verzweiflung, Angst, Wut und Entsetzen im Angesicht des Toten, aber auch ein diabolisches Lächeln. Etliche Zuschauer verließen den Saal, einer fiel in Ohnmacht.

Ein Experiment fand wohl aus Zeitnot nicht statt: Dr. Ure hatte geplant, wie er später anmerkte, zwei angefeuchtete, an die Batterie angeschlossene Messingknöpfe auf der Haut über dem Zwerchfellnerv zu platzieren und damit möglicherweise den Herzschlag zu beeinflussen – ohne es zu ahnen, hatte er damit den Defibrillator erfunden.

Zu keinem Zeitpunkt der anatomischen Experimente nahm Dr. Ure übrigens für sich in Anspruch, er habe den Delinquenten wieder zurück ins Leben gebracht, obwohl er an so eine Möglichkeit glaubte. Fast 50 Jahre später jedoch behauptete der Schriftsteller Peter Mackenzie in einer seiner Horrorgeschichten, er sei Zuschauer von Dr. Ures Experimenten gewesen und die Stromstöße hätten den Hingerichteten tatsächlich wiederbelebt, woraufhin einer der Anatomen ihn mithilfe eines Skalpells und mit einem Schnitt durch die Kehle zurück ins Totenreich geschickt hätte. Schrecken macht Auflage ...

Peter Mackenzie: »The case of Matthew Clydesdale the murderer – extra-ordinary scene in the College of Glasgow«, Old Reminiscences of Glasgow and the West of Scotland, Vol. 2, S. 490–500 (1865), Glasgow
Andrew Ure: »An account of some experiments made on the body of a criminal immediately after execution, with physiological and practical observations«, Journal of Science and the Arts 6, S. 283–294 (1819)

1862 – Der gequälte Schuster

Der französische Neurologe Guillaume Duchenne (1806–1875) ging in seinen Forschungen der verbreiteten Theorie nach, dass das Gesicht direkt mit der Seele verbunden sei. Er hatte bereits einige Erfahrung mit der Anwendung von Elektroschocks gesammelt und wollte untersuchen, wie sich Stromstöße im Gesicht auswirken, und die Ergebnisse dieser Versuche fotografisch dokumentieren. Das war nicht einfach, denn die Reaktionen auf den Elektroschock zeigten sich nur kurz und das Gesicht der Probanden entspannte sich gleich darauf wieder vollständig – viel zu schnell für die damals noch sehr langsame Fotografie. Jedoch gab es einen unter Guillaume Duchennes Patienten, den sein Leiden quasi zum idealen Versuchsobjekt prädestinierte: Es handelte sich um einen Schuhmacher, der unter einer Lähmung des Nervus facialis litt. Wenn Duchenne ihn mit Elektroschocks traktierte, blieb der dadurch hervorgerufene Gesichtsausdruck für Minuten erhalten, sodass der Fotograf den geschockten Patienten mühelos ablichten konnte. Es war einfach zu verlockend – Duchenne quälte den armen, ohnehin schon mit seinem Leiden geschlagenen Schuhmacher über 100 Mal, um die volle Bandbreite der Gefühle in vielen Hundert, zum Teil schrecklichen Fotografien auf seinem Gesicht darzustellen. Dabei entdeckte er unter anderem den »Muskel der Freude«, den Großen Jochbeinmuskel, der bei einem echten Lächeln in Aktion tritt und bei einem vorgetäuschten Lächeln inaktiv bleibt. Besagtes echtes Lächeln trägt zu seinen Ehren den Namen »Duchenne-Lächeln«.

Guillaume-Benjamin Duchenne: »Mécanisme de la Physionomie Humaine«, Jules Renouard, Paris 1862

1878 – Bandwürmer im Selbstversuch

Bei einer Obduktion am 10. Oktober 1878 entdeckte der italienische Arzt Giovanni Battista Grassi (1854–1925) im Darm einer Leiche eine große Anzahl von Bandwürmern der Art Ascaris lumbricoides. Da die Bandwürmer zu ihrer Vermehrung auch Eier gelegt hatten, kam Grassi auf die Idee zu einem gewagten Experiment: Könnte es gelingen, sich mit Bandwürmern zu infizieren, wenn er einige der Eier ... zu sich nahm?

Die Vorstellung dieses Vorgangs, die bei gewöhnlichen Menschen vermutlich zu Ekelgefühl und Brechreiz führt, aktivierte bei Grassi den wissenschaftlichen Verstand: Die methodische Gründlichkeit gebot ihm, zunächst abzuklären, ob er nicht schon Bandwürmer im Körper trug. Also entnahm er die Eier aus dem Leichnam und platzierte sie in einer Mixtur aus feuchten Exkrementen, um sie für die spätere Nutzung zu konservieren. Dann begann er damit, seine eigenen Ausscheidungen täglich mikroskopisch zu untersuchen. Nach mehr als neun Monaten war er sich sicher, frei von Parasiten und somit bereit zu dem Selbstversuch zu sein. Am 20. Juli 1879 separierte er 100 Wurmeier aus den Fäkalien, die sie wie gewünscht über diese lange Zeit am Leben erhalten hatten und schluckte sie hinunter. Es dauerte nur etwa einen Monat, bis Grassi an sich selbst Symptome des Unwohlseins im Unterbauch feststellte und Wurmeier in seinem Stuhl fand. Der Versuch war auf ganzer Linie ein Erfolg! Zufrieden machte er sich sodann an die Ausrottung der Parasiten aus seinem eigenen Verdauungstrakt mithilfe eines für Menschen harmlosen Mittels.

Sein Selbstversuch, aus heutiger Sicht kurios bis makaber, diente dazu, das Wissen über die Infektionswege durch Parasiten zu erforschen. Giovanni Battista Grassi war auch einer der Forscher, die entscheidendes Wissen über die Malaria gewannen. So ist es ihm zu verdanken, dass wir heute wissen, dass nur die Anopheles-Mücken die Malaria verursachenden Parasiten übertragen.

Übertroffen in seiner Konsequenz in Sachen Bandwurm wurde Wurmforscher Grassi neun Jahre später, nämlich 1887, als der Schweizer Zoologe Friedrich Zschokke (1860–1936) und seine Studenten an der Universität Basel in einer Art kuriosem Wettbewerb bis zum 1,80 m lange Bandwürmer in ihren Därmen züchteten. Man könnte eine Art Initiationsritual unter Parasitologen vermuten.

Einen besonderen Ekelrekord stellte 1922 der japanische Kinderarzt Shimesu Koino auf, der 2000 reife Bandwurmeier schluckte und anschließend so stark von Parasiten befallen war, dass er beim Husten Wurmlarven über seine Atemwege ausschied.

1889 – Charles-Édouard Brown-Séquard wird immer jünger

Er schreckte vor keinem Selbstversuch zurück: Als die Cholera auf Mauritius tobte, stellte sich der auf der Insel geborene Physiologe und Neurologe Charles-Édouard Brown-Séquard (1817–1894) als Freiwilliger für ein Experiment zur Verfügung: Er aß das Erbrochene eines Cholera-Patienten und nahm außerdem eine große Menge von Laudanum, einer Opiumtinktur, zu sich, die nach Ansicht des französischen Mediziners François Magendie (1783–1855) gegen die Krankheit wirksam sein sollte. Brown-Séquard kam fast zu Tode – durch das Laudanum. Der Physiologe Magendie irrte sich nicht nur in der Wahl seines Medikamentes – er hielt die Cholera auch für eine nicht ansteckende Krankheit und sprach sich gegen Quarantänemaßnahmen aus.

Auch sonst beeindruckte Charles-Édouard Brown-Séquard die Wissenschaftswelt seiner Zeit mit recht ungewöhnlichen Vorgehensweisen: Er versuchte zum Beispiel, Patienten mit einem Speiseröhrenkrampf mittels Fleischeinläufen durch den Darm zu ernähren. Mit zweifelhaftem Erfolg.

Diese Irrwege dürfen nicht darüber hinwegtäuschen, dass Brown-Séquard als experimenteller Mediziner Bedeutendes leistete. Seine Themen waren das Nervensystem, speziell das Rückenmark, das Blut und das Hormonsystem des Körpers, dessen Funktionen er erforschte. Dabei fand er neue Wege, um zum Beispiel die Symptome bei Schilddrüsenunterfunktion zu behandeln.

Auf der Suche nach Erkenntnissen und neuen Behandlungsmethoden wählte er allerdings auch immer wieder Vorgehensweisen, die seiner Reputation als Mediziner nicht unbedingt förderlich waren. So vertrat er die Ansicht, dass die in den Hoden frisch getöteter Meerschweinchen und Hunde enthaltene Flüssigkeit, die sogenannte Liquide orchitique, ein probates Mittel sei, um die Vitalität zu verbessern und einen Menschen zu verjüngen. Am 1. Juni 1889 berichtete Brown-Séquard der Société de Biologie über seine Selbstversuche in dieser Richtung: Er hatte, wie er glaubte, sich selbst mit dieser Flüssigkeit verjüngt, indem er sie sich unter die Haut gespritzt hatte. Er vermutete in der von den Hoden abgesonderten Samenflüssigkeit, die bald den Namen Brown-Séquard-Elixier erhielt, einen oder mehrere Stoffe, die im Blut stärkende Wirkung entfalten würden. Er folgerte dies aus der Tatsache, dass enthaltsam lebende junge Männer nach weitverbreitetem Glauben durch die Zurückhaltung ihrer Samenflüssigkeit zu enormen geistigen und körperlichen Leistungen in der Lage sein sollten – ein weiterer wissenschaftlicher Irrtum eines großen Mediziners.

Obgleich in der Fachwelt abgelehnt und verspottet, kostete seine Verjüngungsmethode zahllose Tiere das Leben, denn sie fand zahlreiche Anhänger und auch kommerziell motivierte Nachahmer in Paris. Allerdings erreichten zahlreiche Patienten weder eine Verjüngung noch eine Steigerung ihrer libidinösen Fähigkeiten – sie fingen sich einfach eine Blutvergiftung ein.

Comptes rendus de la Société de biologie, 1889; 41: S. 415–422

1898 – Die gewagten Methoden des August Bier

Die Spinalanästhesie, welche heute bei vielen Geburten und medizinischen Eingriffen zum Einsatz kommt, hat eine ziemlich makabere und kuriose Forschungsgeschichte. Einer ihrer Verfechter, August Bier (1861–1949), Oberarzt an der Königlichen Chirurgischen Klinik in Berlin, stellte am 24. August 1898 einige makabere Versuche mit dem Körper seines Assistenten an, um die Wirksamkeit des neuen Anästhesieverfahrens zu beweisen: Er spritzte besagtem Assistenten August Hildebrandt Kokainlösung in den unteren Wirbelkanal und traktierte ihn dann auf unterschiedliche Weise. Unter anderem riss er ihm etliche Schamhaare aus, quetschte ihm die Hoden, perforierte einen Oberschenkelknochen mit einer langen Nadel und schlug ihm mit einem Eisenhammer gegen das Schienbein – vor dem geistigen Auge entstehen Szenen wie aus einem schlechten Horrorfilm mit homoerotischer Komponente: die Hand am Sack des Assistenten. Bei allem Sensationspotenzial: Nüchtern betrachtet handelt es sich hier um eines der heldenhaftesten und bedeutendsten

Experimente der Medizin im ausgehenden 19. Jahrhundert, von denen Frauen bis heute während der Geburt ihrer Kinder profitieren.

Nachdem die Kokainlösung ihre Wirkung entfaltete, verursachten weder der Stich mit einer Hohlnadel noch die Berührung mit einer brennenden Zigarre Schmerzen. Die Schmerzempfindung blieb auch aus, als August Bier seinem Assistenten die Zehen sehr stark bog und ihm Schamhaare ausriss. Die komplette Betäubung des unteren Körpers bewiesen auch ein Schlag mit dem Hammer gegen das Schienbein und intensives Drücken und Ziehen am Hoden. Nach etwa 45 Minuten kehrte das normale Schmerzempfinden zurück.

Das Experiment gewinnt noch eine weitere Gruselkomponente, wenn man sich vergegenwärtigt, dass August Bier und sein Assistent offenbar keinen besonderen Wert auf Sterilität legten und zum Beispiel die Kokainkristalle in gewöhnlichem Leitungswasser auflösten, ein übler medizinischer Fehler, der aber augenscheinlich ohne Folgen blieb. Vielleicht erklärt sich diese ausgesprochen rustikale Vorgehensweise auch aus einem anderen Aspekt der Person des August Bier: Er soll ein bedeutender Förster gewesen sein.

Eine andere Quelle spricht übrigens von einem doppelten Selbstversuch: Nach den dortigen Angaben sollen sich die Männer die beschriebenen Wohltaten gegenseitig zukommen lassen haben. Wie es auch gewesen sein mag: Die erfolgreichen Forscher feierten den wissenschaftlichen Erfolg mit einem ausgiebigen Gelage, bei dem sie aßen, Wein tranken und Zigarren rauchten. Ein Teil der Schmerzempfindungen in den kommenden Tagen dürfte hier seine Ursache gehabt haben, doch litten sie sicher auch unter den Folgen der Versuche, zum Beispiel unter heftigen postspinalen Kopfschmerzen.

Als eigentlicher Entdecker der Spinalanästhesie gilt übrigens nicht August Bier, sondern der amerikanische Neurologe James Leonard Corning (1855–1923), der 1885 erste Versuche unternahm. Corning und Bier reklamierten den Forschungserfolg jeweils für sich, Assistent Hildebrandt stellte sich dabei allerdings auf die Seite von Corning und gegen seinen Oberarzt, vermutlich aus Ärger darüber, dass Bier ihn in seiner Veröffentlichung nicht als Mitautor genannt hatte. Die Medizingeschichte sieht seither James Leonard Corning als Vater der theoretischen und experimentellen Voraussetzungen, während August Bier den Ruhm für sich in Anspruch nehmen kann, ihre Anwendung in der Praxis erprobt und eingeführt zu haben.

> August Bier: »Versuche über die Cocainisierung des Rückenmarks«, Deutsche Zeitschrift für Chirurgie 51, 1899, S. 361–368.
> Corning J.L.: »Spinal anaesthesia and local medication of the cord«, 1885, New York Medical Journal 42, 483

1905 – Hängt mich, ich bin ein Forscher …

Wie fühlt es sich an, am Galgen zu sterben? Diese Frage stellte sich der rumänische Gerichtsmediziner Nicolae Minovici (1868–1941), während dem Autor und vermutlich auch den Lesern die daraus folgenden Fragen unvermeidlich erscheinen: Warum? War es einfach professionelle Neugier? Befürchtete er, eines Tages selbst am Galgen zu enden? Wir wissen es nicht und werden es auch nicht erfahren. Auf jeden Fall widmete er 1905 eine umfangreiche, über 200 Seiten umfassende Arbeit dieser Frage, und zu deren Klärung unternahm er auch ein gutes Dutzend Selbstversuche als Delinquent. Dabei sorgte er dafür, dass er stets selbst die Kontrolle über seine Hinrichtung behielt, denn er zog sich mit eigenen Händen über eine Rolle am Strang empor. Seine Erlebnisse am Strang und die nachfolgenden Symptome waren alles andere als angenehm: starke Rötungen im Gesicht, Pfeifen in den Ohren, verschwommene Sicht und drohender Bewusstseinsverlust nach fünf oder sechs Sekunden, was stets zum Abbruch des Versuchs führte. Blutergüsse und Schmerzen als Folge der Fast-Hinrichtungen begleiteten ihn nach jedem Selbstversuch noch über Wochen.

Später ließ sich Minovici von Assistenten emporziehen und es gelang ihm, bis zu 25 Sekunden lang mehrere Meter über dem Boden zu baumeln – sicher ein zweifelhaftes Vergnügen. Bei einzelnen Versuchen kam es auch zu stark schmerzenden Verletzungen im Halsbereich – ein Genickbruch blieb Minovici erspart. Die gewonnene Erkenntnis: Die Delinquenten am Strang sterben nicht durch Ersticken, sondern aufgrund der Unterbrechung der Blutzufuhr zum Gehirn.

In seinem späteren Leben sah Minovici von weiteren masochistischen Selbstversuchen ab. Vielmehr widmete er sich der rumänischen Volkskunst und gründete ein Museum. Auch gehen die ersten medizinischen Notdienste seines Landes, die Romanian Emergency Services (RES), gegründet 1906, auf ihn zurück. Er leitete sie über 35 Jahre und finanzierte sie aus Spenden und seinem eigenen Vermögen.

> Nicolas Minovici: »Etude sur la pendaison«, (Studie über das Erhängen), Maloine 1905

1908 – Was Mr Heads Penis so alles fühlte

Der Name des englischen Neurologen Henry Head (1861–1940) wird den wenigsten Lesern sofort etwas sagen, doch wird eine seiner wissenschaftlichen Errungenschaften bei manchem einen Ausruf der Erkenntnis verursachen, denn er hat sich in den sogenannten Head'schen Zonen verewigt. Bei seinen Untersuchungen über überempfindliche Hautzonen bei verschiedenen organischen Erkrankungen gelang es ihm, bestimmte Zonen einem bestimmten Organ zuzuordnen, eine Leistung, von der Mediziner und Laien bis heute profitieren. Head erwarb mit dieser Arbeit seinen Doktortitel.

Was bringt einen solch bedeutenden Mediziner in dieses Buch?

Zum einen sein erstaunlicher Wagemut: Um Wissen über die Funktionen von Nerven und die Folgen von Nervenschädigungen zu gewinnen, schreckte er auch nicht davor zurück, sich selbst zum Versuchsobjekt zu machen. Mithilfe eines Kollegen ließ er sich einige Nerven des linken Armes durchtrennen und dokumentierte, auf welche Regionen von Arm und Hand dies Auswirkungen hatte. Glücklicherweise kehrte seine Empfindungsfähigkeit etwa drei Monate nach der Operation wieder fast vollständig zurück.

Zum anderen: Head machte sogar sein bestes Stück zum Untersuchungsobjekt. Auf der Suche nach einer Körperregion, welche zwar Druck und Schmerz empfinden kann, aber auf vorsichtige Berührungen nicht reagiert, fand Head eine solche – an der Spitze seines Penis, die Head und Kollegen genau untersuchten. 40 °C heißes Wasser verursachte kein Wärmegefühl, sondern Schmerzen, bis Head seinen Sensor ein wenig tiefer eintauchte. Dann wichen unangenehme Wahrnehmungen wohlig-angenehmen Gefühlen. Die genauen Zusammenhänge können Sie, sofern Sie ein Mann sind, vielleicht im Selbstversuch herausfinden.

William Halse Rivers und Sir Henry Head: »A human experiment in nerve division«, Brain, London, 1908, 31: S. 323–450

1920 – Mehr Power durch Affenhoden

Chinas Läuferinnen sollen sich in den 1990er-Jahren regelmäßig mit dem Blut von Schildkröten gestärkt haben, denen sie eigenhändig den Kopf abhackten, um an den energieträchtigen Saft zu gelangen. Warum auch nicht?, fragt der historisch erfahrene Leser. Die Griechen putschten sich dereinst mit Stierhoden auf, die Spartaner hatten ihre Blutsuppe, die Römer gewannen Kraft aus Ochsenblut – warum sollte die Idee mit den Schildkröten nicht funktionieren?

Und wenn es an Manneskraft fehlt? Vielleicht wollen Sie auf die Forschungsarbeiten von Serge Voronoff (1866–1951) zurückgreifen, der am 12. Juni 1920 erstmals in dünne Scheiben geschnittene Hoden eines Schimpansen in das menschliche Gegenstück implantierte. Sein begeisterter Bericht über die Erfolge dieser Behandlung und das Buch, das er darüber verfasste, trat eine ganze Lawine von Nachahmern los. Zeitweise wurden sogar die Affen knapp und man griff auf Leichen (!) zurück, amerikanische Ärzte bedienten sich bei frisch hingerichteten Verbrechern.

Sogar Personen des öffentlichen Lebens wie Kemal Atatürk, der erste türkische Präsident nach dem Zweiten Weltkrieg, sollen sich einer Behandlung durch Serge Woronoff unterzogen haben. Die meisten werden es allerdings vorgezogen haben, anonym zu bleiben. Insgesamt soll er in den 1930er-Jahren über 500 Behandlungen vorgenommen haben, jeweils zu einer Fallpauschale von 100 000 Goldfranc. Als sich herausstellte, dass die Therapie wirkungslos war bzw. vor allem auf dem Placeboeffekt beruhte, knickte das Interesse daran deutlich ein – und die Schimpansen und Paviane konnten erleichtert aufatmen.

Serge Woronoff: »Étude sur la vieillesse et le rajeunissement par la greffe«, G. Doin, Paris 1926

1921 – Do-it-yourself-Chirurgie

War es Misstrauen gegenüber den Berufskollegen? Weil sich der Wurmfortsatz des amerikanischen Arztes Evan O'Neill Kane (1861–1932) am 15. Februar 1921 auf unangenehme Weise meldete, entschloss sich der erfahrene Chirurg, bereits auf dem Operationstisch liegend, zu einem spontanen Experiment: Er wollte sich den Blinddarm selbst entfernen, degradierte das wartende Operationsteam zu Beobachtern seiner medizinischen Heldentat und verpasste sich selbst eine örtliche Betäubung mit Kokain. Dann griff er zum Skalpell, öffnete die Bauchhöhle und entfernte den entzündeten Anhang gekonnt-professionell in 30 Minuten – zwar nicht gerade in Rekordzeit, aber unter den gegebenen Umständen immer noch schnell. Behindert fühlte sich der Do-it-yourself-Chirurg durch das kopflos umherlaufende, weil zur Untätigkeit verdammte Operationsteam und für einen kurzen Augenblick auch durch seinen eigenen Darm, der sich wegen der vorgebeugten Körperhaltung durch den Schnitt nach außen drückte. Die Operation gelang dennoch vollständig, Kane war nach kurzer Zeit wiederhergestellt und stand nach etwa zwei Wochen wieder am Operationstisch.

Ein zweiter derartiger Selbstversuch verlief allerdings tragisch: Im Alter von 71 Jahren versuchte sich Evan O'Neill Kane an einer Leistenbruchoperation am eigenen Körper. Er erholte sich nicht von der Operation und starb schließlich an einer Lungenentzündung.

»Autoappendectomy: A Case History«, International Journal of Surgery
»Dr. Evan Kane Dies of Pneumonia at 71«, 2. April 1932, New York Times

1927 – Die Keime beim Knutschen

Schon 1905 waren sich die Mitglieder der Anti-Kissing-League in Paris und Wien darüber im Klaren, dass durch Küsse gefährliche Krankheitserreger zwischen Menschen ausgetauscht werden, wie ein Zeitungsbericht aus diesem Jahr belegt. Bis zu 40 000 potenziell gefährliche Keime sollten durch einen einzigen Kuss übertragen werden. Logisch, dass man sich gegen das Küssen im öffentlichen wie auch im privaten Raum aussprach.

Im Mai 1927 schien es dann Entwarnung zu geben. Das populäre, 25 Cents teure US-Wissenschaftsmagazin *Science and Invention* war dafür verantwortlich. Ein Knutsch-Experiment der Zeitschrift endete mit dem Ergebnis, dass auch bei einem intensiven Kuss nur 500 Keime weitergegeben werden, wobei Frauen, die Lippenstift trugen, 200 Erreger mehr zum Partner transportierten als ungeschminkte Geschlechtsgenossinnen. Man konnte also ungestraft weiterknutschen.

Möglicherweise konnten die Damen und Herren Wissenschaftler in diesen Tagen aber nicht richtig zählen, denn ein modernes Experiment am Amsterdam Institute for Molecules, Medicine and Systems, mit wissenschaftlicher Akribie und einem speziellen Bakteriencocktail durchgeführt von Professor Remco Kort und Kollegen mit 21 Versuchspaaren, kommt zu ganz anderen Ergebnissen: Schon bei einem 10-Sekunden-Kuss wandern 80 Millionen Bakterien von Mund zu Mund.

Science and Invention: »40 000 germs in every kiss«, Mai 1927, S. 14
Remco Kort, Martien Caspers, Astrid van de Graaf, Wim van Egmond, Bart Keijser and Guus Roeselers: »Shaping the oral microbiota through intimate kissing«, veröffentlicht im November 2014

1930 – Hans Berger und die Gedankenstrahlen

Was tut unser Gehirn gerade? Kann man Gedanken auf irgendeine Art und Weise darstellen? Welche Spuren hinterlassen Gedanken und Gefühle in diesem wunderbaren Organ? Solche oder ähnliche Fragen stellte sich der Neurologe und Psychiater Hans Berger (1873–1941), der Vater der Elektroenzephalografie (EEG), nicht. Es war eher ein persönliches Erlebnis, das in Hans Berger den Wunsch weckte, auf die eine oder andere Weise in fremde Köpfe zu schauen, und was er dort entdecken wollte, waren die gegenständlichen oder messbaren Spuren der Telepathie, also der Gedankenübertragung.

Während einer militärischen Übung verunglückte Berger 1892 auf gefährliche Weise, konnte aber dem Tod entrinnen, weil ein mit sechs Pferden bespanntes Fuhrwerk, dessen Rad ihn zu überfahren drohte, plötzlich und unvermittelt stehen blieb. Am Abend nach dem Unfall erhielt Berger zum ersten und einzigen Mal in seinem Leben eine telegrafische Anfrage nach seinem Befinden, und zwar von seinem Vater. Hans Bergers ältere Schwester, der er besonders nahestand, hatte gegenüber den Eltern behauptet, ihm sei ein Unglück zugestoßen. Berger glaubte an eine telephatische Verbindung zwischen dem Gehirn seiner Schwester und dem seinen, was seine weiteren Forschungen bestimmen sollte. Es musste so etwas wie Gedankenstrahlen geben ...

1902 waren Hunde und Katzen seine ersten Versuchsobjekte für Experimente an der Hirnrinde. 1924 endlich konnte er damit beginnen, die Ableitung von Hirnströmen an Menschen möglich zu machen. Bei einem Patienten mit einer Trepanationsstelle – seine harte Schädeldecke war durchbohrt – konnte er Elektroden an der aktiven Großhirnrinde anbringen und ein erstes Elektroenzephalogramm erstellen, das übrigens bis heute erhalten ist. Es sollte aber bis 1929 dauern, bis Berger seine Erkenntnisse publizierte – nicht eben mit großem Erfolg in der Fachwelt, die seinen Ansatz belächelte. Zunächst blieb deshalb seine bahnbrechende Entdeckung – immerhin hatte er das erste Mal Hirnströme in einem aktiven Gehirn nachgewiesen – in ihrer Tragweite unbeachtet. Mehr als ein Jahrzehnt später, nämlich 1940, erkannte der englische Neurophysiologe Edgar Douglas Adrian die weitreichenden Möglichkeiten von Bergers Methode für die moderne Medizin und veranlasste, dass der Alpha-Grundrhythmus der hirnelektrischen Tätigkeit zu seinen Ehren den Namen Berger-Rhythmus erhielt.

> Hans Berger: »Über das Elektroenzephalogramm des Menschen«, in: Nova Acta Leopoldina, Bd. 6 (1938/39), Nr. 38, S. 17

1930 – Schlank durch Glas-Diät

Es war nicht sein Übergewicht, das Frederick Hoelzel (1889–1963) zu seiner merkwürdigen Diät motivierte, denn er war zeitlebens eine recht schlanke Person. Den Kern der Sache trifft wohl eher die Vermutung, dass Frederick Hoelzel unter einer massiven Essstörung litt, die in unseren Tagen jeder Hausarzt diagnostiziert hätte. Dafür spricht auch die von einem Reporter beschriebene Erscheinung des Forschers in den 1930er-Jahren: dünn wie ein Skelett, knorrige Hände mit durchscheinenden blauen Adern, ein hervorstehender Adamsapfel, bläulich geäderte Haut ...

Schon als Jugendlicher versuchte Hoelzel, seinen Appetit mit kalorienfreien Ersatzstoffen zu stillen. Sägemehl, Kork, Federn, Asbest, die harten pflanzlichen Bestandteile von

Bananen und Maiskolben standen ebenso auf seinem Speiseplan wie klein geschnittene chirurgische Gaze. In seiner späteren Forschungstätigkeit nutzte er seine Befähigung, eigentlich ungenießbare Dinge zu essen, um Messungen über die Durchlaufgeschwindigkeiten unterschiedlicher Objekte durch den Verdauungstrakt durchzuführen.

So stellte er fest, dass Kieselsteine 52 Stunden brauchten, bevor sie durch deutliche Geräusche in der Toilette die Zielankunft bestätigten. Andere nicht verdaubare Gegenstände benötigen erstaunlich unterschiedliche Zeiten. Kugellagerkugeln und andere Metallstücke kamen auf 80 Stunden, kleine Goldstücke blieben 22 Tage dort, wo keine Sonne scheint. Glasperlen erschienen nach 40 Stunden wieder im Tageslicht, ein Reißverschluss fand schon nach 90 Minuten den Ausgang, getrieben durch einen gewaltigen Durchfall, den sich Frederick Hoelzel vermutlich häufiger einhandelte. In seiner akademischen Karriere brachten ihn seine Forschungen nicht weiter. Er blieb zeitlebens Psychologie-Assistent an der Universität von Chicago und war bei seinen Kollegen und Studenten unter dem Spitznamen »die menschliche Ziege« bekannt.

1945 fand er in seinen Forschungen eine weitere Motivation für seine karge Kost. Er veröffentlichte gemeinsam mit Anton J. Carlson eine Studie mit dem Titel »Growth and Longevity of Rats fed Omnivorous and Vegetarian Diets«. In ihr ist belegt, dass die Lebensspanne von unterschiedlich ernährten Ratten stark variiert. Die kürzeste Lebenszeit haben die unregulierten Allesfresser zu erwarten, am längsten leben nach dieser Studie jene Ratten, die an einem von drei Tagen fasten. Bei Weibchen erhöhte sich die Lebensspanne um 15 Prozent, bei Männchen sogar um 20 Prozent. Auch fand sich bei den auf diese Weise ernährten Tieren eine deutlich niedrigere Tumorrate.

Mit Fasten kannte sich Frederick Hoelzel übrigens aus: Nur zu Weihnachten soll er sich ein einfaches, aber vollständig verdaubares Menü gegönnt haben.

> Hoelzel, F.: »The Rate of Passage of Inert Materials through the Digestive Tract«, 1930, American Journal of Physiology, 92: S. 466–497

1932 – Wiederbelebung per Wippe

Warum stirbt ein Mensch? Weil die Säfte nicht mehr richtig fließen. Robert E. Cornish (1903–1963), Wissenschaftler an der Universität Berkeley, ging genau von dieser Annahme aus und versuchte, Leichen durch eine Spezialbehandlung wieder zum Leben zu erwecken. Angeschnallt auf einer Wippe sollte der Blutfluss in dem toten Körper durch Schaukelbewegungen und weitere, zum Teil medikamentöse, Behandlungen angeregt und der Verstorbene so wiederbelebt werden.

Cornish begann seine Forschungen an mehreren Foxterrier-Hunden, die alle den Namen Lazarus trugen – sie hatten wie dieser schwer zu leiden, denn sie sollten nach dem Cornish-Verfahren wiederbelebt werden. Nachdem er den Hunden zuvor durch Ersticken das Leben genommen hatte, versuchte er anschließend, sie mithilfe von Adrenalin, Sauerstoff und Antigerinnungsmitteln wieder zum Leben zu erwecken. Ein Assistent massierte das jeweilige Versuchsobjekt und schaukelte es auf einer Wippe, während Cornish das Tier per Mund-zu-Mund-Beatmung (!) zu animieren versuchte. Mit Erfolg, so wird berichtet. Einige der Tiere sollen wieder aufgewacht sein, obwohl sie zuvor definitiv hirntot waren. Nur zu gern hätte Robert E. Cornish seine Experimente an Menschen fortgeführt, doch wurde dies glücklicherweise untersagt.

Seine Reputation als Wissenschaftler allerdings erlitt durch seine Versuche erheblichen Schaden, sein Ansehen war arg ramponiert, sodass sich Cornish immer mehr aus dem universitären Leben zurückzog und schließlich seine Versuche nur noch in der eigenen Garage anstellte. Die Nachbarn waren darüber nicht begeistert, denn hin und wieder unternahmen seine noch lebenden Versuchstiere Ausflüge in die nähere Umgebung. Auch über Geruchsbelästigungen durch die zum Einsatz gebrachten Chemikalien wurde geklagt. Immer mit einem offenen Ohr für Sensationen wie jedes Presseorgan, informierte die Zeitschrift *Modern Mechanix* im Juli 1934 und im Januar 1935 unter dem Titel »Second Dog is Restored to Life« ihre Leser über Cornish und seine Versuche. Im letztgenannten Artikel wurde berichtet, dass das arme Versuchstier nach seiner Wiedererweckung blind war und zwar bellen und kriechen, aber nicht ohne fremde Hilfe stehen konnte, dafür aber jeden Tag ein Pfund Fleisch fraß. Übrigens finanzierte Cornish das, was er für wissenschaftliche Arbeit hielt, durch den Verkauf einer von ihm erfundenen pulverförmigen Zahnpasta.

1932 – Woran starb Jesus?

Wenn praktizierte Wissenschaft und tiefer Glauben Hand in Hand arbeiten, kann es zu merkwürdigen Konstellationen kommen. Den katholischen Chirurgen Pierre Barbet (1884–1961), tätig am Saint-Joseph-Hospital in Paris, ließ folgende Frage nicht los: Woran starb Jesus, als er am Kreuz hing? Und wie genau sahen seine Leiden aus? Er begann seine Experimente damit, dass er amputierte Gliedmaßen mit Vierkantnägeln auf Bretter nagelte und mit schweren Gewichten belastete. Dies sollte der Klärung der Frage dienen: Können eine Hand oder ein Fuß, durchbohrt von 8 mm Eisen, ein solches Gewicht überhaupt tragen? Die logische Fortführung dieser Untersuchung war es dann, eine menschliche Leiche ans Kreuz zu nageln und den Beweis zu erbringen, dass nur drei Nägel den schweren Körper durchaus in seiner Position fixieren konnten. Zumindest in einem Fall ist ein solcher Versuch durch den Pariser Arzt belegt. Und Pierre Barbet gewann eine weitere Erkenntnis: Jesus musste am Kreuz erstickt sein, machte doch die Aufhängung an seinen Händen das normale Atmen unmöglich. Weitere Belege für seine These fand der Chirurg im Leichentuch von Turin, das er wegen seiner medizinisch korrekten Details für echt hielt und aus dessen Details er Vermutungen über die Körperhaltung des Gekreuzigten anstellte. Moderne Kreuzigungsforscher allerdings stellen Barbets Folgerungen und Theorien wieder infrage und forschen weiter.

Barbet, Pierre. Doctor at Calvary: »The Passion of Our Lord Jesus Christ As Described by a Surgeon«, New York, Image Books, 1963, erstmals veröffentlicht 1936

1933 – Wie mögen Sie Ihre Eier? Gequetscht?

Um ausstrahlende Schmerzen besser verstehen zu können, stellten der aus Australien stammende Anatom Herbert Woollard (1889–1939) und der Arzt Edward Carmichael (1886–1978) erstaunliche Selbstversuche an. Bekannt war bereits, dass Herzerkrankungen Schmerzen im Arm verursachen können. Auch andere innere Organe schmerzen nicht unbedingt dort, wo die Erkrankung vorliegt. Da Woollard und Carmichael aber für ihre Versuche nicht auf innere Organe zugreifen konnten, wählten sie einen Teil des menschlichen Körpers für ihre

Versuche, den sie leicht erreichen konnten: den Hodensack. Ein Selbstversuch lief in etwa so ab: einer der Forscher lag auf einer Liege, der andere stapelte auf einer Waagschale Gewichte auf den Hoden der mutigen Versuchsperson. Wer welche Rolle übernommen hat oder ob dies wechselseitig geschah, darüber bewahrten die beiden Wissenschaftler Stillschweigen. Die Schmerzreaktion mit jeder Gewichtssteigerung wurde sorgfältig dokumentiert. 300 g verursacht nur leichte Beschwerden in der rechten Leiste, bei 650 g stellten sich Schmerzen in der ganzen rechten Körperseite ein, 1 kg ließ den Schmerz sich auf Unterleib und den Rücken ausdehnen.

1935 führten Carmichael und einige Kollegen diesen Versuch in einer Variante weiter. Sie maßen das Volumen der Finger bei unterschiedlichen Schockerlebnissen (Schreie, ein fallender Gegenstand, Nadelstiche) und auch bei plötzlicher Hodenquetschung bei einer Gruppe von Patienten mit Hirnschädigungen (und dadurch verursachten einseitigen Lähmungen) und einer Vergleichsgruppe von freiwilligen Studenten – es nahm in jedem Fall ab. Beide Gruppen zeigten in etwa dieselben Reaktionen, nur Patienten mit einer Störung des sympathischen Nervensystems reagierten anders.

Was bedeuten diese Ergebnisse für den Alltag? Sie sollten Schädigungen Ihres Hodensacks in Erwägung ziehen, meine Herren, wenn Sie bemerken, dass Ihre Finger schrumpfen. Vermutlich aber haben Sie die betreffende Schmerzreaktion schon zuvor gespürt.

Woollard, H. H., & E. A. Carmichael (1933): »The testis and referred pain«, Brain, 56 (3): S. 293–303.
Stürup, G., B. Bolton, D. J. Williams, & E. A. Carmichael. (1935): »Vasomotor responses in hemiplegic patients«, Brain. 58: S. 456–469

1936 – Das Protokoll eines Todes

Beim Einsatz des ersten lokalen Anästhetikums Kokain, ein Segen für die Anwendung bei kleineren Operationen, kam es immer wieder zu unerwarteten Nebenwirkungen. Wohl um zu erfahren, was beim Einsatz von Kokain mit einem Patienten geschah, verpasste sich der US-Proktologe Edwin Katskee (1903–1936) am Abend des 24. November 1936 eine große Dosis der Droge. Dann begann er, seine Befindlichkeit zu protokollieren, und er benutzte dazu die Wand seines Büros.

Warum Edwin Katskee für seinen Versuch eine lebensgefährlich große Dosis des Medikaments wählte, ist schwer zu erklären. War es Selbstmord unter dem Deckmantel eines wissenschaftlichen Experiments oder lief sein Selbstversuch einfach aus dem Ruder? Möglicherweise wollte Katskee sicherstellen, dass die bei Patienten hervorgerufenen negativen Wirkungen bei ihm auf jeden Fall einträten. Obwohl Katskee seine Notizen ungeordnet an die Wand schrieb, lässt sich in etwa ein Ablauf rekonstruieren. Das Gift verursachte unterschiedliche Symptome, darunter Wellen von Lähmungen und konvulsione Zuckungen, Phasen der Depression wechselten mit solchen, in denen er glaubte, seine Handlungsfähigkeit zurückzugewinnen. Doch die Droge siegte. Das Wort »paralysis« dürfte sein letztes gewesen sein. Sollte es Katskees Absicht gewesen sein, mit seinem Selbstversuch die Wissenschaft voranzubringen, so scheiterte dieses Vorhaben an der Qualität seiner Aufzeichnungen. Seine Kollegen sprachen ihnen jeden wissenschaftlichen Nutzen ab. Der junge Arzt starb umsonst. 2012 fand seine Tat unter dem Titel »Curiosity Killed Dr. Katskee« Niederschlag in der Fernsehserie »Dark Matters: Twisted But True«.

> »Doctor scribbles narrative of own death by narcotic«, 27. November 1936, Los Angeles Times: S. 1, 7

1938 – Der Herzschlag im Moment des Todes

John W. Deering (1898–1938) diente am 31. Oktober 1938 der Wissenschaft auf ganz besondere Weise. Er war keineswegs ein Forscher und sein Fachgebiet war eher krimineller Natur. Deering hatte im Mai desselben Jahres einen Makler erschossen und war zum Tode verurteilt worden. Nun hatte er zugestimmt, dass während seiner Erschießung ein Elektrokardiogramm seines Herzschlags aufgezeichnet werden durfte.

Als der Termin seiner Hinrichtung gekommen war, nahm er einen letzten Zug aus seiner Zigarette und ihm wurde eine schwarze Kappe aufgesetzt. Nachdem die Elektroden für die Messung angelegt waren, feuerte um 6:46 Uhr ein Erschießungskommando auf den Delinquenten. Er wurde von vier Kugeln getroffen, sein Herz blieb nach 15 Sekunden stehen. Deering atmete noch etwa zwei Minuten, um 6:48:30 Uhr wurde er für tot erklärt.

Wer sich nun fragt, welche Erkenntnisse die Forschung aus dem makaberen Experiment gewinnen konnte, bleibt ratlos. Dass ein tödlich getroffener Mann stirbt und sein Herz nicht mehr weiterschlägt, liegt eigentlich auf der Hand – sollte man annehmen. Immerhin konnte der Körper von John W. Deering noch von Nutzen für einige Kranke sein: Seine Augen wurden sofort entfernt, um Teile davon für Transplantationen zu nutzen. Sie flogen tiefgekühlt nach San Francisco und verhalfen einem vierjährigen und einem 27-jährigen Blinden zu neuem Augenlicht. Deerings restlicher Körper wurde der medizinischen Abteilung der Universität von Utah zur Verfügung gestellt.

»Firing Squad Ends Career of Murderer«, Telegraph Herald 102 (41) (Dubuque, Iowa). International News Service. October 31, 1938. S. 1

1940 – Die Hakenkreuz-Chromosomen des D. F. Jones

Durch seine Arbeiten hat der amerikanische Genetiker Donald Forsha Jones (1890–1963) viel dazu beigetragen, dass Mais heute weltweit führend in der landwirtschaftlichen Produktion eingesetzt wird. Seine Hybridpflanzen waren wegweisend. Seine Kompetenz stand außer Frage, bis er im April 1940 seine Entdeckung von hakenkreuzförmigen Chromosomen in krebskranken Maispflanzen der Öffentlichkeit zugänglich machte. Dabei überraschte er die Wissenschaftler der National Academy of Sciences am Ende eines Vortrags unter dem Titel »Growth changes resulting from chromosome arrangement« mit einer überraschenden Erkenntnis. Er hatte in Kreuzform zusammengewachsene Chromosomen entdeckt, deren abgeknickte Enden die hinduistisch-indische Swastika oder eben ein Hakenkreuz bildeten. Dabei stellte er eine Verbindung zwischen den Missbildungen der erkrankten Pflanzen und der politischen Wirklichkeit jener Tage her, die einen guten Demokraten ehren kann, aber eines exakten Wissenschaftlers nicht würdig ist: »Die Swastika ist ein Zeichen des bösartigen Wachstums nicht nur im Feld der Politik, sondern auch in der lebenden Materie.« Die anwesenden Journalisten griffen die sensationelle Story sofort auf, doch die Pressestimmen zu Jones' Vortrag gingen eher in die Richtung, dass sich die Wissenschaft aus der Politik heraushalten sollte. Die Natur würde nie etwas als gut oder böse bezeichnen. Das Diagramm, mit dessen Hilfe Jones seinen Vortrag anschaulich machte, wurde nicht archiviert, jedoch in einem Artikel anderer Autoren im American Journal of Botany im April 1940 veröffentlicht.

Jones' Thesen wurden zwar viel diskutiert, doch lautete die allgemeine Einschätzung, dass der Wissenschaftler entweder gesehen hatte, was er sehen wollte, oder einer Laune der Natur aufgesessen war. Man ordnete seine Hakenkreuz-Chromosomen in etwa bei wundersam geformten Wolken oder Kartoffeln ein, die das Profil des amerikanischen Präsidenten zeigten. Dabei lag er mit der Idee, dass eine Krebserkrankung Chromosomen signifikant verändern könnte, durchaus nicht falsch. Strahlung, Chemikalien, Hormone oder Erkrankungen durch Viren oder Parasiten können Spuren an den Chromosomen hinterlassen, zum Beispiel häufigere Brüche. Ob dies allerdings ausgerechnet Hakenkreuze zur Folge haben muss, steht infrage.

Jones, D. F. (3. Mai 1940). »Growth changes resulting from chromosome rearrangement«, In: Abstracts of Papers, Science, New Series, 91 (2366): S. 418–423

Clark, F. J. & F. C. Copeland. (April 1940). »Chromosome Aberrations in the Endosperm of Maize«, American Journal of Botany. 27 (4): S. 247–251

»Swastika Evil in Plants«, (4. Mai 1940). The Science News-Letter. 37 (18): S. 286

1942 – Künstliche Epidemien

Ishii Shirō (1892–1959) forschte an der Kaiserlichen Universität Kyoto auf dem Gebiet der Medizin. Allerdings ging es dabei weniger um die Heilung von Menschen. Sein Spezialgebiet war die möglichst effektive biologische Kriegsführung und der Einsatz von Chemiewaffen. Nach einer Reise 1928 in den Westen und dortigen Forschungen zu seinem Thema begann er 1932 mit vorbereitenden Experimenten. 1936 wurde in der Nähe der von japanischen Truppen besetzten chinesischen Stadt Harbin in der Mandschurei die Einheit 731 errichtet, eine als Wasseraufbereitungsanlage getarnte Einrichtung mit mehr als 150 Gebäuden für Versuche zur biologischen Kriegsführung. Experimente mit Erregern von Pest, Cholera und Milzbrand, vor allem aber auch außer Kontrolle geratene Krankheitserreger, kosteten bis zu 30 000 Menschen das Leben. Russische und chinesische Kriegsgefangene, aber auch Zivilisten wurden rücksichtslos mit Seuchen infiziert oder zu schrecklichen Experimenten – Aufschneiden bei lebendigem Leib, künstlich erzeugte Herzinfarkte und Schlaganfälle – herangezogen. Die Horrorforschungen in den Labors führten zum Einsatz biologischer Waffen im Krieg zwischen Japan und China: So wurden von der japanischen Armee mit Pest infizierte Flöhe über den ostchinesischen Städten Ningbo und Changde abgeworfen, später brachen dort Epidemien aus.

Am Kriegsende töteten japanische Truppen die letzten verbleibenden 150 »Versuchspersonen« und zerstörten die Einheit 731. Insgesamt dürfte Ishii Shirō für den Tod von mehr als 300 000 Menschen verantwortlich sein. Obwohl sich der japanische Experte mit so unsäglichen Plänen wie der Infektion von Kaliforniens Bewohnern durch Kamikaze-Piloten (Codename »Cherry Blossoms at Night«) befasst hatte, ließen sich die US-Amerikaner auf einen Deal mit ihm und seinen Kollegen ein: Sie sicherten ihnen Immunität gegen eine Verfolgung als Kriegsverbrecher zu und erhielten im Gegenzug die Ergebnisse ihrer »Feldforschungen« über biologische Kriegsführung.

1942 – Läuse in der Unterhose

Manche Versuchspersonen müssen maßlos lange schlafen oder gar übertrieben lange ohne Schlaf auskommen. Sie sollen in ganz bestimmten Situationen auf ganz bestimmte Weise reagieren, so oder so strukturierte Probleme lösen, Drogen einnehmen und deren Wirkung beschreiben, sich durch virtuelle oder tatsächliche Labyrinthe bewegen und die Nebenwirkungen unerprobter Medikamente über sich ergehen lassen. 1942 jedoch mussten mutige Testpersonen den Kampf gegen eine lästige und gefährliche Streitmacht aufnehmen: Läuse in der Unterwäsche.

Die Armee von Milliarden von Exemplaren der Art Pediculus humanis corporis kämpfte nämlich im Zweiten Weltkrieg gleich gegen beide Seiten. Sie quälte Hunderttausende Männer und Frauen mit Juckreiz, infizierte sie mit Krankheiten – während des Zweiten Weltkriegs bestand durch den Läusebefall auch die Gefahr einer Typhusepidemie, die Millionen Menschen das Leben hätte kosten können. Doch 32 Männer traten den sechsbeinigen Aggressoren in einem wissenschaftlichen Experiment unter der Leitung des Mediziners Dr. William A. Davis und des Entomologen Charles M. Wheeler mit Todesmut entgegen. Sie trugen freiwillig Unterwäsche, die voller Läuse steckte. Im New Yorker Louse Lab, das von der Regierung der Vereinigten Staaten und der Rockefeller Foundation finanziert wurde, halfen sie mit, die Biologie der Läuse zu erforschen und nach effektiven Möglichkeiten zu suchen, deren Angriff auf die Menschheit zu stoppen.

Erste Aufgabe der Forscher war es gewesen, ausreichend viele Läuse für die Versuche herbeizuschaffen. Die ersten Tiere wurden in einer Abteilung eines Krankenhauses eingesammelt, in der Alkoholiker behandelt wurden. Studenten boten diesen Läusen als Freiwillige Nahrung – sie ließen sich von ihnen aussaugen. Die Läuse fühlten sich wohl und vermehrten sich, und bald waren Tausende herangewachsen, die immerhin frei von Krankheiten waren. Nun machten sich Davis und Wheeler auf die Suche nach Versuchspersonen. Tramps aus den Elendsvierteln der Stadt erwiesen sich als zu unzuverlässig. Sie nahmen zwar dankend die angebotenen sieben Dollar, verschwanden dann aber vielfach mitsamt ihren neuen Bewohnern, den Läusen.

Die zweite und tatsächlich geeignete Gruppe von Probanden bestand aus Kriegsdienstverweigerern. Die Forscher hatten herausgefunden, dass es eine gesetzliche Grundlage gab, um diese quasi zwangszuverpflichten. Das erwies sich in vielen Fällen als überflüssig, denn die angesprochenen Personen machten freiwillig mit. Wohl auch, weil sie gegen das Image von Vaterlandsverräter und Feiglingen ankämpfen wollten, waren viele bereit, quasi als Labormäuse zur Verfügung zu stehen, und das auch noch kostenlos. Sie wurden in einem abgelegenen Camp auf dem Lande (»Camp Liceum«) in der Nähe von Campton, New Hampshire, untergebracht, wo Davis sie mit spezieller Unterwäsche und vor allem mit Läusen versorgte, die er übrigens in der vorangegangenen Zeit mit seinem eigenen Blut am Leben erhalten hatte. Glücklicherweise brauchen Läuse nicht sehr viel Nahrung.

Die Versuchspersonen wurden dazu verpflichtet, die mit Läusen verseuchten Kleidungsstücke über volle 18 Tage zu tragen. Weder durften sie gegen die Läuse aggressiv vorgehen und sie absichtlich zerquetschen noch ihr Bettzeug wechseln – keine einfache Sache, wenn man tagsüber im Straßenbau arbeitet, wie es die Aufgabe der Kriegsdienstverweigerer war. Die erste Hälfte des 18-Tage-Zeitraums mussten die Männer die Läuse einfach nur aushalten. Jeder von ihnen beherbergte bald eine schöne, kräftige Population von sechsbeinigen Mitbewohnern an seinem Körper und in der von Schweiß durchtränkten Unterwäsche. Am zehnten Tag wurden die Teilnehmer in unterschiedliche Gruppen aufgeteilt, die unterschiedliche Puder zur Entlausung testen sollten. Auf sorgfältige Anwendung war zu achten. Während des Testzeitraums untersuchten die Forscher ihre Probanden regelmäßig und zählten die am Körper aufzufindenden Läusen. Nach Abschluss des Experimentes konnten sie exakt sagen, welches der Anti-Läuse-Mittel die beste Wirkung gezeigt hatte.

Alle Männer überstanden den Versuch gut und ohne Schaden durch die Läuse. Viele von ihnen sagten, dass ihnen die Läuse weniger Probleme bereitet hatten als die verwendeten Gegenmittel, deren Nebenwirkungen – Juckreiz an den Schleimhäuten, Hautirritationen an sehr unangenehmen Stellen – ihnen zu schaffen machten. Einige gaben später zu, die Unterwäsche nachts heimlich ausgezogen zu haben.

Besonders effektiv war der Versuch nicht. All das Gekrabbel in der Unterhose, die zahllosen Bisse und der Juckreiz an unsäglichen Orten waren mehr oder weniger umsonst, denn keines der getesteten Mittel erwies sich als optimal. Außerdem begann man kurz darauf von offizieller Seite, das Wundermittel DDT gegen Insekten einzusetzen. Dichlordiphenyltrichlorethan war zwar bereits 1874 durch den österreichischen Chemiker Othmar Zeidler erstmals synthetisiert worden, doch es sollte bis 1939 dauern, bis der Schweizer Chemiker Paul Hermann Müller dessen Wirkung gegen Insekten entdeckte. Er wurde dafür übrigens 1948 mit dem Nobelpreis für Medizin ausgezeichnet – von der Giftigkeit des Mittels für Menschen ahnte man noch nichts. Später kam DDT unter dem Handelsnamen Neocid auch als Mittel gegen Läuse auf den Markt.

Davis, W. A., & C. M. Wheeler (1944), »The Use of Insecticides on Men Artificially Infested With Body Lice«, American Journal of Hygiene, 39(2): S. 163–176

1944/1945 – Hungern für die Wissenschaft

Der persönliche Einsatz eines Wissenschaftlers im Selbstversuch ist kein Einzelfall. Beim Minnesota-Hunger-Experiment 1944/1945 waren es allerdings nicht die Forscher, die in ihrem verrückten Engagement für die Sache der Erkenntnis Leib und Leben in Gefahr brachten, sondern eine große Zahl von Versuchspersonen. Bei diesem US-Regierungsexperiment lebten 36 junge Amerikaner für sechs Monate in der Hungerhölle und ertrugen alle Symptome extremer Unterernährung: Depressionen, Haarausfall, Hungerödeme und mehr. Dr. Ancel Benjamin Keys (1904–2004), damals Direktor des Labors für Körperhygiene an der Universität von Minnesota, führte seine Versuchspersonen im Dienst der Wissenschaft an ihre psychischen und physischen Grenzen. Zu verstehen ist das Experiment aus der Zeit heraus: Der Zweite Weltkrieg forderte seinen Tribut, in Europa hungerten Millionen von Menschen. Die amerikanische Regierung hatte dem Wissenschaftler vorausschauend zur Aufgabe gemacht herauszufinden, wie man unterernährten Menschen am besten wieder zu körperlicher und geistiger Gesundheit verhelfen könne. Aber es gab auch eine politische Dimension: Welchen Einfluss hat Hunger auf die Politik und andere gesellschaftliche Zusammenhänge?

Wie bereits im Utah-Läuse-Experiment waren Kriegsdienstverweigerer ideale Versuchspersonen. Einerseits brannten sie darauf, auch in Kriegszeiten ohne Waffe in der Hand ihren Beitrag für die nationale Sicherheit zu leisten, andererseits gehörte es zu ihrer Motivation, sich vom Vorurteil der Feigheit und Drückebergerei reinzuwaschen. Keys betonte in der Werbung für das Experiment die humanitäre Bedeutung der Aktion, der Slogan in einer Broschüre lautete »Willst du hungern, damit sie besser ernährt werden?« Das Interesse war groß: Keys konnte seine 36 Versuchspersonen aus 400 Bewerbern auswählen.

Im November 1944 begannen die Vorbereitungen für das große Hungern: Die Freiwilligen zogen in das Labor ein und wurden auf ihren Gesundheitszustand untersucht. Zu diesem Zeitpunkt wurden sie noch wie gewohnt ausreichend ernährt. Das eigentliche Experiment begann am 12. Februar 1945. Die Probanden – ausschließlich Männer Mitte 20 – wurden auf magere Kost gesetzt und nahmen täglich nur noch 1500 Kilokalorien in Form von Kriegskost zu sich: Brot, Kohl, Kartoffeln und Rüben, aufgeteilt in zwei Mahlzeiten. Das entsprach weniger als der Hälfte ihrer bisherigen Nahrungsmenge. Zwischen den Mahlzeiten durften die Männer nur Kaugummi und schwarzen Kaffee zu sich nehmen, was sie weidlich ausnutzten. Bis zu 40 Packungen *Chewing Gum* und 15 Tassen Kaffee waren eine gängige Ration.

Schon nach wenigen Wochen zeigten sie körperlichen und geistigen Verfall, verfielen in Apathie, vernachlässigten die Körperpflege und zogen sich zurück, wann immer sie konnten. Ihre Körper schalteten auf Sparflamme, die Körpertemperatur sank ebenso wie der Puls. Ihr Herz schlug nur noch 30 bis 40 Mal in der Minute. Sie litten unter Müdigkeit, froren ständig und verloren rapide an Körpergewicht. Nach dem Fett bauten ihre Körper Muskelmasse ab, Arme und Beine wurden dünner und dünner. Zugleich plagten sie Essensfantasien, ihre bis dato ausgeprägten politischen Ansichten und die Ereignisse der Weltpolitik rückten in den Hintergrund, Liebe und Sex spielten keine Rolle mehr. Einige der Männer beschafften sich Kochbücher und betrachteten Essen wie ihre satten Geschlechtsgenossen Pornografie.

Der Wunsch nach Nahrung war übermächtig: Die Versuchspersonen mussten sich gegenseitig kontrollieren, um bei ihren Ausflügen in die Stadt nicht doch heimlich etwas Essbares zu sich zu nehmen. Vielleicht auch, weil die Hungernden wegen ihrer verfallenen Erscheinung in der Stadt immer mehr auffielen, berichteten zahlreiche Zeitungen über Benjamin Keys und seine Hungertruppe.

Mit dem Ende des Experiments im Juli 1945 kam für die Versuchspersonen erstaunlicherweise nicht die erwartete schnelle Erlösung. Die Männer hatten durchschnittlich ein Viertel ihres Körpergewichts verloren. Die Rehabilitation geschah aufgeteilt in Gruppen, es sollte festgestellt werden, welche zusätzliche Kalorienmenge für die Erholung der Männer optimal wäre. In allen Gruppen mit nur wenig zusätzlicher Nahrung benötigten die Probanden erstaunlich lange Zeit, nur langsam gelang ihnen die körperliche Regeneration. Dabei hatten die Hungernden nicht das Gefühl, dass sich ihr Zustand merklich verbesserte. Nur mithilfe sehr großer Kalorienmengen (mehr als 4000 Kilokalorien) verlief der Prozess der Regeneration wirklich gut.

Einer der Männer war bereits zuvor ausgeschieden, ihn plagten Kannibalismus-Fantasien, er hatte Morddrohungen gegen Keys geäußert und den eigenen Selbstmord angedroht. Er wurde in psychiatrische Behandlung gebracht. Ein zweiter Proband hatte ständig heimlich gegessen und wurde ebenfalls in der Auswertung der Studie nicht berücksichtigt. Für eine Anwendung im hungernden Europa kamen die Resultate des Experiments allerdings zu spät. Erste Ergebnisse lagen erst 1948 vor, Keys konnte die daraus gewonnenen Erkenntnisse erst 1950 in Buchform veröffentlichen. Einer der wichtigsten Sätze in seinem Werk: »Hungernden kann Demokratie nicht beigebracht werden.«

Nach dem Ende des Experiments blieben einige Versuchspersonen in der Einrichtung, sodass Keys ihr weiteres Essverhalten dokumentieren konnte. Sie litten unter einem ständigen, nicht stillbaren Hungergefühl und aßen am Tag durchschnittlich 5000 Kilokalorien, einige erreichen sogar Werte von 11 500 Kilokalorien in nur 24 Stunden.

Erstaunlich: Bei einer Befragung der überlebenden Freiwilligen im Jahre 2003 erklärten diese einmütig, das Experiment sei die großartigste Erfahrung ihres Lebens gewesen und sie würden es sofort noch einmal unternehmen, wenn sie wieder jung wären.

Keys, A., Brozek, J., Henschel, A., Mickelsen, O. & Taylor, H. L: »The Biology of Human Starvation«, Vols. I–II. University of Minnesota Press, Minneapolis, MN
»Men Starve in Minnesota«, (30. Juli 1945). Life 19 (5): S. 43–46

1950 – Puls und Blutdruck beim Orgasmus

Dass das Herz eines Menschen nicht immer gleich schnell schlägt, war schon vor 1950 bekannt. Doch in diesem Jahr stand die genaue Feststellung von Pulsraten in einer ganz bestimmten Situation im Fokus der Wissenschaft: der Blutdruck beim Orgasmus. Wer allerdings annimmt, dass sich nun zahllose Paare unter wissenschaftlicher Aufsicht geliebt und in einen sinnlichen Rausch versetzt hätten, ist auf dem Holzweg. Der Internist und Psychotherapeut Gerhard Klumbies (1919–2015) und der Mediziner Hellmuth Kleinsorge (1920–2001), übrigens der Entdecker des ersten oralen Antidiabetikums Carbutamid, beide tätig an der Universität in Jena, nutzten eine besondere Befähigung einer Patientin für ihre Messungen. Eine etwa 30-jährige Frau konnte allein mithilfe ihrer Fantasie zum Orgasmus kommen – die Gelegenheit für die Forscher, die Belastung des Organismus beim Orgasmus ohne störende Außeneinflüsse zu messen. Die gemessenen Werte übertrafen sowohl für den Puls als auch für den Blutdruck Vergleichswerte bei sportlichen Leistungen deutlich. Spätere Untersuchungen bei einem Mann (Handarbeit) zeigten eindeutig noch höhere Stresswerte für den gesamten Körper. Die wissenschaftliche Neugier der beiden Forscher war durchaus sinnvoll, kommen doch immer wieder Herzinfarkte und Schlaganfälle während des Geschlechtsverkehrs vor. Die publizierte Studie über ihre Experimente ist übrigens die einzige deutsche Forschungsarbeit, die im 1953 veröffentlichten Kinsey-Report »Das sexuelle Verhalten der Frau« Erwähnung fand.

Es bleibt anzumerken: Die einzig sinnvolle Therapie für vorbelastete Personen – Abstinenz – dürfte auf wenig Gegenliebe gestoßen sein.

> G. Klumbies, H. Kleinsorge: »Das Herz im Orgasmus«, in: Medizinische Klinik, September 1950

1954 – Pazifisten als Versuchskaninchen

Der Name »Operation Whitecoat« für eine Serie von Tests von Bio- und Chemiewaffen, Bezug nehmend auf den Kittel der Halbgötter in Weiß, deutet bereits auf einen ziemlich makaberen Humor hin. Denn um das Heilen ging es den Jüngern des Äskulap in dieser Testreihe sicher nicht, die Zielsetzung war vielmehr eine doppelte: Wie gut lassen sich unterschiedliche Erreger zur Kriegsführung einsetzen und wie gut kann man Angriffe des Feindes mit derartigen Waffen abwehren? Anfangs sollten Soldaten als Versuchspersonen dienen, doch als diese Näheres über die Gefahren der Versuche erfahren wollten und mit einem Sitzstreik protestierten, entschied man sich, andere Personen einzusetzen, und zwar zur Kirche der Siebenten-Tags-Adventisten gehörende junge Männer, insgesamt 2300, die den Dienst an der Waffe verweigerten. Die meldeten sich aus unterschiedlichen Gründen »freiwillig« – zum Teil waren sie durch die Leitung ihrer Kirche zur Teilnahme genötigt worden, mit welcher das US-Militär Absprachen getroffen hatte. Die jungen Männer nahmen das fünfte Gebot »Du sollst nicht töten« wortwörtlich und sehr ernst, sie wollten auf niemanden schießen und dienten in der Armee als Sanitäter. Aber, so machte man ihnen klar, es sei ihre moralische Pflicht, als Testperson ihrer Aufgabe zur Hilfe den Mitmenschen gegenüber nachzukommen. Viele verstanden die Aufforderung zur Mitarbeit als Testperson auch als Möglichkeit, einer möglichen Versetzung an die Front zu entgehen, denn auch Sanitäter wurden in die vordersten Linien geschickt. Die Tests dauerten von 1954 bis 1973 und viele der menschlichen Versuchskaninchen machten gleich mehrere schwere Krankheiten durch. Zum Einsatz kamen neben dem Q-Fieber Erreger von Milzbrand, Pest, Typhus und Hirnhautentzündung und sogar so seltene Infektionen wie die Tularämie, eine Krankheit von Nagetieren, die auf Menschen übertragbar ist. Getestet wurde unter anderem in Fort Detrick, Maryland, und im Testgelände Dugway, Utah. Gemeinsam mit Meerschweinchen und Rhesusaffen wurden die Versuchspersonen den Erregern ausgesetzt. Viele erkrankten, aber es kam zu keinen Todesfällen.

Trotz des unvorstellbar hohen Risikos der Operation Whitecoat für die Versuchspersonen muss erwähnt werden, dass die Medizin durch diese Versuche einiges über die Mechanismen von Infektionen und den Einsatz von Gegenmittel lernen konnte. Viele Impfstoffe wurden erstmals an Menschen getestet, zum Beispiel solche gegen Gelbfieber und Hepatitis. Auch Erkenntnisse über den sicheren Umgang mit Erregern konnten gewonnen werden: Man entwickelte eine sichere Arbeitsplatzausrüstung für Laboranten und Mediziner, verbesserte Bioreaktoren, Brutschränke und Zentrifugen und lernte vieles über Dekontaminationsverfahren – alles auf Kosten von »Freiwilligen«.

 O'Neal, Glenn: »The Risks of Operation Whitecoat«, In: USA Today. 19. Dezember 2001

1971 – Verwesung an frischer Luft

Pathologen-Serien haben im Fernsehen Hochkonjunktur; ob »Crossing Jordan« oder »Body of Proof«, immer wieder beeindrucken Pathologen und Gerichtsmediziner die Fernsehzuschauer mit ihren Geistesblitzen und ihren erstaunlichen Erkenntnissen etwa dieser Art: »Der Verstorbene hatte vor drei Tagen um 23:11 Uhr in Malibu Sex mit einer 23-jährigen Krankenschwester, deren Vater aus Indien stammt und deren Mutter sich seit 1995 vegetarisch ernährt. Anschließend trank das Paar eine Flasche Agiorgitiko Jahrgang 2013, ein eleganter Rotwein aus der Appellation Nemea, der allerdings mit 9 °C deutlich zu niedrig temperiert war.«

Für einen Teil ihrer genialen Schlussfolgerungen greifen Pathologen und Gerichtsmediziner auf Forschungsergebnisse zurück, die an ziemlich makaberen Orten gewonnen wurden: auf einer Body Farm. Die erste in Tennessee/USA wurde 1971 von dem forensischen Anthropologen William M. Bass (*1928) eingerichtet. In den USA gibt es zurzeit vier dieser Institutionen, in denen Verwesungsprozesse unter bestimmten Bedingungen beobachtet und dokumentiert werden. Zwei dieser Einrichtungen befinden sich in Texas, eine in North Carolina und eine – bereits genannt – in Tennessee

Die Fragestellungen dabei: Wie verläuft der Prozess der Zersetzung an freier Luft, wie wirken sich Todesart, Alter der Person, Kleidung oder Witterung auf die Geschwindigkeit des Prozesses aus? Was ändert sich, wenn eine Leiche in einem Kofferraum, in einem Wassergraben oder Teich oder eingepackt in einem Plastiksack den Wirkungen der Zeit ausgesetzt ist? Kameras halten den Zustand der von Freiwilligen zur Verfügung gestellten sterblichen Überreste in regelmäßigen Abständen fest, Wissenschaftler dokumentieren Temperatur und Luftfeuchtigkeit und beurteilen ihre Forschungsobjekte anhand des Geruchs. Auch der Befall mit Insekten, Bakterien und Pilzen wird akribisch dokumentiert.

William M. Bass, Jon Jefferson: Death's Acre. Berkley Books, New York 2004
W. M. Bass: »Outdoor composition rates in Tennessee«. In: Forensic Taphonomy: The Postmortem Fate of Human Remains, CRC Press, New York

1972 – Wer schläft in meinem Bett?

Wer schläft da alles neben mir in meinem Bett? Bestenfalls der jeweilige Partner, oder? Haben Sie eine Ahnung! Johanna van Bronswijk aus den Niederlanden und ihre Kollegen wollten es genau wissen und machten sich daran, den Bestand an Milben, Bettwanzen, Pseudoskorpionen, anderen Insekten und Spinnen, aber auch den Bewuchs mit Farnen sowie vorhandene Pilzsporen und Pilze in niederländischen Betten genauestens zu ermitteln. Um es kurz zu machen: Es sind viele, sehr viele …

Später Ruhm: 2007 erhielt die fleißig zählende Forscherin den Ig-Nobelpreis für ihre beunruhigenden Ergebnisse.

J. E. M. H. van Bronswijk: »Huis, Bed en Beestjes«, Nederlands Tijdschrift voor Geneeskunde, Vol. 116, No. 20, 13. Mai 1972, S. 825–831

1979 – Die tiefere Symbolik des Hodens

Ist Ihnen schon einmal aufgefallen, dass bei antiken Statuen der rechte Hoden immer größer ist als der linke und dass er immer höher hängt? Nein? Schauen Sie genauer hin! Denn könnte dieser Tatsache nicht eine tiefere Symbolik zugrunde liegen? Dieser und anderen ähnlich weltbewegenden Fragen ging Prof. Chris McManus, Historiker an der Universität in London, im Jahre 1979 nach. Er stellte unter anderem fest, dass die alten Griechen keineswegs die Wirklichkeit abbildeten: Menschliche Hoden sind mal links und mal rechts größer, und immer ist es der schwerere, der tiefer hängt. Was wollten die alten Griechen uns also mit ihrer widersprüchlichen Gestaltung sagen? Der Philosoph Anaxagoras (500 v. Chr.–428 v. Chr.) war der Ansicht, dass sich im rechten Hoden der Samen zur Zeugung von Knaben, im linken hingegen der für die Mädchen befände. In der Welt altgriechischer Symbole steht rechts für die männliche, links für die weibliche Seite. Und da der Mann im alten Griechenland über der Frau stand, musste das dickere Ding eben auch nach oben. 2002 erhielt Chris McManus für seine bahnbrechenden Forschungen den Ig-Nobelpreis.

 C. McManus: »Scrotal asymmetry in man and in ancient sculpture«, Nature, Vol. 259, 426, 5. Februar 1976

1984 – Einen Batida de bacteria, bitte!

Die Magenschleimhautentzündung und das daraus resultierende Magengeschwür waren die Krankheiten von übersensiblen Volksschullehrern und überlasteten Managern alten Schlages und wurden ausgiebig mit sogenannten Rollkuren behandelt – der Patient wurde immer wieder umgelagert, damit ein Medikamentenbrei alle Bereiche der Magenwand erreichten. Ursache: Stress, nichts als Stress, und deshalb wurden derartige Erkrankungen als psychosomatisch eingeordnet.

Als aber am 10. Juli 1984 der Mediziner Barry Marshall (*1951) im Labor des Freemantle Hospital in Perth, Australien, sich selbst zum Versuchskaninchen machte, entschlossen nach einem Glas mit einer widerwärtigen, übel riechenden Flüssigkeit griff und dieses hinunterkippte, war es mit der Stresstheorie vorbei. Marshall konfrontierte in einem mutigen Selbstversuch seinen Magen mit gut einer Milliarde Bakterien aus dem Magen eines 66-jährigen Patienten, der an einer Magenschleimhautentzündung erkrankt war.

Es funktionierte: Etwa eine Woche verging und der Mediziner erkrankte, wie er es erwartet hatte, ebenfalls an einer Gastritis, verursacht durch die Bakterien des Patienten. Eigentlich war es die Absicht von Barry Marshall, in seinem eigenen Magen auch noch ein Magengeschwür heranzuzüchten, doch sein fauliger Mundgeruch war so unerträglich, dass seine Frau ihn vor eine Alternative stellte: entweder eine eigene Wohnung oder die Einnahme eines Antibiotikums.

Das ekelhafte Getränk vom 10. Juli 1984 hatte aber nicht nur eine Gastritis, sondern auch gleich eine ganze Kette von Preisverleihungen zur Folge: Für seine Entdeckung von Helicobacter pylori erhielt Marshall 1995 den Albert Lasker Award for Clinical Medical Research und 1996 einen Gairdner Foundation International Award. Diesen Auszeichnungen folgten 1997 der Paul-Ehrlich-und-Ludwig-Darmstaedter-Preis, 1998 der A.-H.-Heineken-Preis für Medizin und die Buchanan Medal der Royal Society sowie 2002 der Keio Medical Science Prize.

Nicht genug damit: Im Dezember 2005 brachte Helicobacter pylori Barry Marshall den Nobelpreis für Physiologie oder Medizin ein (der heißt tatsächlich so). Er erhielt die höchste wissenschaftliche Auszeichnung gemeinsam mit dem Pathologen John Robin Warren, der daran mitgearbeitet hatte, den Erreger dingfest zu machen. Woraus der Leser lernt, dass es nicht immer schlecht sein muss, etwas Übles hinunterzukippen.

> Marshall BJ, Warren JR (Juni 1983). »Unidentified curved bacilli on gastric epithelium in active chronic gastritis«. Lancet 321 (8336): S. 1273 ff.
>
> Marshall BJ, Warren JR (Juni 1984). »Unidentified curved bacilli in the stomach of patients with gastritis and peptic ulceration«. Lancet 323 (8390): S. 1311–1315

1985 – EEG beim Orgasmus

Ob allein oder mit anderen: Wo treiben sie es nicht überall? Sex an ungewöhnlichen Orten kann zu einer Obsession werden. In Aufzügen, in den Schlafzimmern oder Schränken von Möbelhäusern, in der U-Bahn, auf dem Empire State Building oder im freien Fall während eines Fallschirmsprungs – nur so bekommen manche Leute den großen Kick. Ob es für die Versuchspersonen 1985 besonders reizvoll war, voll verkabelt und unter Aufsicht zahlreicher interessierter Mitarbeiter Sex im Labor zu treiben, bleibt die Frage. Auf jeden Fall wurden bei diesem Experiment erstmals Elektroenzephalogramme bei Masturbation und Ejakulation geschrieben – mit enttäuschenden Ergebnissen. Bis auf eine geringe Absenkung der Alphawellen zeigten sich keine nennenswerten Veränderungen.

Anders hingegen bei dem ersten dokumentierten Orgasmus in einem Magnetresonanztomografen im Jahre

2011 – da ging, völlig unwissenschaftlich gesagt, die Post ab. Wissenschaftler der Rutgers University in New Jersey zeichneten den Orgasmus einer 54-jährigen Sextherapeutin auf und dokumentierten eine verstärkte Aktivität und Sauerstoffzufuhr zunächst im Kleinhirn und in der vorderen Hirnrinde, später auch im Groß- und Zwischenhirn. Die Ergebnisse dieses Experiments sollten, so Aussage der Forscher, Frauen mit Orgasmusschwierigkeiten helfen. Mittlerweile gibt es übrigens MRT-Sexvideos auch auf Youtube.

Graber B, Rohrbaugh JW, Newlin DB, Varner JL, & Ellingson RJ (1985). »EEG during masturbation and ejaculation. Archives of Sexual Behavior«, 14 (6), S. 491–503

1986 – Wo keine Sonne scheint

Als sie zwei Patienten mit rektalen Fremdkörpern behandelten, kamen David B. Busch und James R. Starling aus Madison, Wisconsin, wohl auf die Idee, nicht nur diese einzelnen Fälle in einer Veröffentlichung aufzuarbeiten, sondern gleich die gesamte vorhandene Literatur zu dokumentieren und zu bewerten. Sie schildern 182 Fälle von Fremdkörpern in Körperöffnungen, die Methoden ihrer Entfernung und die Altersverteilung bei den betreffenden Patienten. Außerdem listen sie alle Fundobjekte auf, unter anderem sieben Glühbirnen, diverse Obst- und Gemüsearten in unterschiedlichen Formen, einen Schleifstein, zwei Blinklichter, eine Feder aus Draht, eine Tabakdose, eine Juweliersäge und andere Werkzeuge, einen äußerlich bereits aufgetauten, aber innen noch gefrorenen Schweineschwanz, einen Zinnbecher, ein Bierglas und schließlich, gefunden im Anus eines einzigen Menschen: eine Brille, ein Schlüssel, einen Tabakbeutel und eine Zeitschrift.

Busch und Starling erhielten für diese Arbeit 1995 den Ig-Nobelpreis für Literatur (!), nicht allein wegen der sprachlichen Qualitäten, sondern vielleicht auch wegen der Vorreiterrolle ihrer Studie. Mittlerweile sind, wie die Recherchearbeiten zu diesem Buch ergaben, zahllose weitere Veröffentlichungen zu diesem bedeutenden Thema erschienen.

> David B. Busch, James R. Starling: »Rectal foreign bodies: case reports and a comprehensive review of the world's literature«, Surgery September 1986; 100 (3): S. 512–519

1988 – Dem Schluckauf den Stinkefinger zeigen

»Termination of Intractable Hiccups with Digital Rectal Massage«, so der Titel der Studie von Francis M. Fesmire (1959–2014). Auf den ersten Blick könnte man bei diesem Titel denken, dass der Wissenschaftler von der University of Tennessee den Computer zur Heilung einer Schluckauferkrankung einzusetzen gedachte, aber bei genauerem Nachdenken wird klar, dass hier das Wort »digital« in einer anderen Weise übersetzt werden muss: digitus lässt sich auch von dem lateinischen Wort für Finger ableiten, und genau den rät Francis M. Fesmire in hinterlistiger Weise gegen das ständige unwillentliche Aufstoßen zu nutzen, bevor man Medikamente gibt. Ob es hilft, wäre im Selbstversuch zu klären – Francis M. Fesmire brachte seine Arbeit einen Ig-Nobelpreis für Medizin ein, den er sich mit weiteren Forschern, die eine gleich betitelte Veröffentlichung einreichten, teilen musste. Sie alle hatten das Verfahren mit Erfolg ausprobiert.

Francis M. Fesmire: »Termination of Intractable Hiccups with Digital Rectal Massage«, Ann Emerg Med.
August 1988, 17 (8): S. 872
Odeh M, Bassan H, Oliven A: »Termination of intractable hiccups with digital rectal massage«

1989 – Befreiungsaktion

Hier geht es um ein wichtiges medizinisches Thema, das überall
dort, wo Hosen tragende Männer anzutreffen sind, also eigentlich überall, von Bedeutung ist. Die Mediziner F. Nolan, Thomas
J. Stillwell und John P. Sands jr., alle einschlägig tätig, verfass-
ten einen Forschungsbericht über die Behandlung eines krassen
männlichen Unfalls, nämlich über das akute Management eines
in einem Reißverschluss eingeklemmten Penis. Wer jemals ein
solches Erlebnis hatte, wird aus schmerzhafter Erfahrung wissen, dass Übereifer die Problemlage nur verschärft, und man
weiß ja, wie unheimlich geduldig Männer Schmerzen ertragen.
Also beschrieben die drei Ärzte, wie man es richtig macht – auf
jeden Fall gaaanz vorsichtig und mit einer Kneifzange, so geht
das Gerücht. Wer es genau wissen will: Die Studie kann man für
35,95 US-Dollar im Internet bei ScienceDirect erwerben.

Die mutigen Forscher wurden für ihre bahnbrechenden
Erkenntnisse mit dem Ig-Nobelpreis für Medizin belohnt.

2006 hat sich übrigens der indische Mediziner Satish
Chandra Mishra erneut um dieses Problem gekümmert und
seine Erfahrungen mit drei Knaben in einer Studie festgehalten. Er setzte durchaus scharfes Werkzeug ein, legte aber wie
seine Vorgänger besonderen Wert auf ein schmerzfreies Verfahren. Hier zeigt es sich übrigens auch, wie Wissenschaftler
Hand in Hand arbeiten: Dr. Mishra zitiert in seiner Arbeit
die Studie von Nolan, Stillwell und Sands.

James F. Nolan, Thomas J. Stillwell, John P. Sands jr.: »Acute Management of the Zipper-Entrapped Penis«. In: Journal of Emergency Medicine, Band 8, Nr. 3, Mai/ Juni 1990, S. 305–307
Satish Chandra Mishra: »Safe and Painless Manipulation of Penile Zipper Entrapment«

1991 – Kampf der Klapperschlange!

Den Ig-Nobelpreis für Medizin mussten sich 1994 drei Personen teilen. Da war zum einen Patient X, Exmitglied des US Marine Corps, den 1991 eine Great-Basin-Prärieklapperschlange (Crotalus viridis lutosus) gebissen hatte. Mit der Hilfe eines Nachbarn wollte er im Selbstversuch die Vergiftung mit einem neuen Hilfsmittel behandeln, das seltsamerweise in der Gegend gerade in aller Munde war: mit elektrischem Strom. Besagter Nachbar befestigte die Zündkabel seines Autos an den Lippen des Vergifteten und ließ den Motor bei mittleren Drehzahlen fünf Minuten lang laufen. Das half nicht, wie man sich hätte denken können, im Gegenteil: Patient X ähnelte nach der »Behandlung« eher einer Leiche als einem geretteten Schlangengift-Opfer.

Weil die Therapie wenig Erfolg hatte, brachte ein Hubschrauber Patient X ins Krankenhaus, wo er auf seine Retter, die späteren weiteren Preisträger, traf. Sie machten ihn und seinen Selbstversuch zum Objekt der unten genannten Studie, die mit wissenschaftlicher Akribie feststellte, dass elektrischer Strom wenig hilfreich gegen das Gift von Klapperschlangen ist, was sich jedermann auch ohne die Studie hätte denken können. Sie retteten ihm aber auch das Leben – ganz ohne Strom, einfach mit einem Antiserum. Wir gratulieren allen dreien: dem Patienten X, Dr. Richard C. Dart und Dr.

Richard A. Gustafson vom Health Sciences Center der University of Arizona.

Dr. Richard C. Dart, Dr. Richard A. Gustafson: »Failure of electric shock treatment for rattlesnake envenomation«, in: Annals of Emergency Medicine. Band 20, Nr. 6, Juni 1991, S. 659–661

1993 – Gonorrhoe-Infektion mal anders

Es gibt zahlreiche Möglichkeiten, sich einen Tripper einzufangen. Die grönländische Medizinerin Ellen Kleist, tätig am Hospital der 1500-Seelen-Gemeinde Nanortalik, und der norwegische Arzt Harald Moi von den Venereal-Kliniken in Nuuk haben sich eine der seltensten ausgesucht, um darüber einen nicht eben umfangreichen wissenschaftlichen Artikel zu verfassen: Gonorrhoe durch Gummipuppen. Die Anzahl der dokumentierten Fälle: einer. Dabei handelt es sich um den nicht näher bezeichneten Kapitän eines nicht näher bezeichneten Trawlers, der mit der Gummipuppe des Schiffsingenieurs fremdgegangen ist. Der nicht näher bezeichnete Schiffsingenieur wiederum hatte ein paar Tage zuvor an Land Sex mit einer nicht näher bezeichneten jungen Dame, die gefunden und untersucht werden konnte. Das Ergebnis dieser Untersuchung wird im ohnehin recht kurzen Text der Veröffentlichung nicht genannt, aber man kann sich das ja denken. Vorsicht also, lieber Leser, wenn Sie vorhaben sollten, fremde Gummipuppen zu benutzen: Es könnte Folgen haben.

Ellen Kleist, Harald Moi: »Transmission of Gonorrhea Through an Inflatable Doll«, Genitourinary Medicine, Bd. 69, 1993, S. 322

1993 – Verstopftes Militär

Was raubt dem Soldaten die Kampfeskraft? Schlechtes Wetter, unzureichende Ausrüstung, der böse Feind? Nein, es ist die Verstopfung! Während man sich früher beim Militär häufiger vor Angst in die Hosen geschi... haben dürfte, behält der moderne Kombattant gern alles bei sich. Dies bestätigt eine Untersuchung an 500 Marinesoldaten und Seeleuten auf dem Transportschiff USS Iwo Jima (LP1H-2). W. Brian Sweeney, Brian Krafte-Jacobs, Jeffrey W. Britton und Wayne Hansen testeten während der Operation »Desert Shield« die sanitären Gewohnheiten mithilfe von Fragebögen. Sie fanden, auch dank einer sorgfältigen Analyse der Bewegungsfrequenz der im Dienst befindlichen Gedärme, durchaus Erstaunliches heraus:

Wenn man Verstopfung als einen Zustand mit mehr als drei Tagen ohne Stuhlgang definiert, so litten 3,9 Prozent der Testpersonen zu Hause in ihrer häuslichen Umgebung an Verstopfung im Vergleich zu 6 Prozent an Bord des Schiffes und zu 30,2 Prozent während des Einsatzes im Felde. Ändert man die Definition von Verstopfung in der Weise, dass man bestimmte anorektale Symptome wie harten und schmerzhaften Stuhlgang, anstrengende Verrichtung und Blut im Stuhl als zusätzliche Merkmale heranzieht, so steigern sich diese Werte auf 7,2 Prozent zuhause, 10,4 Prozent auf See und 34,1 Prozent im Kampfgeschehen. Da sich also mehr als ein Drittel aller Soldaten im Felde nicht in befriedigender Weise entleeren können, rät das Wissenschaftlerteam zu vorausschauenden Gegenmaßnahmen.

Sweeney W. B., Krafte-Jacobs B., Britton J. W., Hansen W.: »The constipated serviceman: prevalence among deployed U.S. troops«, Mil Med. August 1993, 158 (8): S. 546 ff.

1993 – Wie die Nase eines Mannes …

Sie kennen den dummen Spruch über den Johannes eines Mannes, der dann in den meisten Fällen in der männlichen Unterwelt doch nicht zutreffend ist, wie sicherlich intensive weibliche Feldstudien immer wieder ergeben. Jerald Bain vom Mount-Sinai-Hospital in Toronto und Kerry Siminoski, tätig an der University of Alberta in Edmonton, Kanada, wollten größere Zusammenhänge herstellen und deshalb das Verhältnis zwischen Körpergröße, Penislänge und Schuhgröße ermitteln. Sie vermaßen 63 normale Männer an den dazu notwendigen Stellen und kamen zu dem Schluss, dass zwar gewisse Korrelationen zwischen den einzelnen Maßen existieren, jedoch Körper- und Schuhgröße keine brauchbaren Anhaltspunkte zur Schätzung der Penislänge seien. Quod errat demonstrandum.

Kerry Siminosk, Jerald Bain: »The relationships among height, penile length, and foot size«, Annals of sex research 1993, Vol. 6, Issue 3, S. 231–235

1995 – Knoblauch im Fruchtwasser

Beim menschlichen Nachwuchs haben wir es mit einer frühen Form von Feinschmeckerei zu tun – das fand Julie Mennella vom Monell Chemical Senses Center, Philadelphia, in ihren zahlreichen Versuchen heraus. So stehen Embryos auf die Geschmacksrichtung »süß« – gibt man dem Fruchtwasser einer Mutter unter sterilen Bedingungen Zuckerlösung zu, so schluckt der Nachwuchs häufiger, während bittere Geschmacksrichtungen zu weniger Schluckbewegungen führen.

Das interessanteste Ergebnis der Forscherin allerdings ist von besonderer Relevanz für alle Liebhaber von Zaziki und Knoblauchwurst: Der Geruch des aromatischen Lauchgewächses schlägt bis ins Fruchtwasser durch. Versuchspersonen mussten an Flüssigkeitsproben schnüffeln, welche schwangeren Frauen bei den Routineuntersuchungen entnommen worden waren. Fünf hatten Knoblauchpillen gegessen, die fünf anderen erhielten Placebos. Die Hypothese der Untersuchung: Das Essverhalten der Mutter beeinflusst die spätere Geschmackswahrnehmung ihrer Kinder deutlich. Der Speisezettel der Mutter wird sozusagen über das Fruchtwasser an das werdende Leben in ihrem Uterus weitergereicht – Knoblauch übrigens auch über die Muttermilch. Tests mit anderen Aromen – Anis, Möhren, Minze, Vanille und Blauschimmelkäse – zeigten ähnliche Ergebnisse. Vielleicht sollte eine werdende Mutter häufiger die Frage »Was wollen wir denn heute essen, Baby?« stellen?

Mennella, J. A., A. Johnson, & G. K. Beauchamp: »Garlic ingestion by pregnant women alters the odor of amniotic fluid«, Chemical Senses. 1995, 20 (2): S. 207 ff.

1996 – Erregt in der Röhre

Man fragt sich vor allem, wie sie es gemacht haben: Willibrord Weijmar Schultz, Pek van Andel und Eduard Mooyaart aus Groningen, Niederlande, und Ida Sabelis aus Amsterdam schafften es tatsächlich, die männlichen und weiblichen Genitalien während des Koitus und während der weiblichen sexuellen Erregung in einem Kernspintomografen zu betrachten. Neben der sportlichen Leistung – die Röhre ist ziemlich eng – stellt sich die Frage: Warum rammeln in der Röhre?

Zum einen wollten die Forscher wohl einfach mal herausfinden, ob es überhaupt machbar ist. Zum anderen, und da sollte wohl der Sinn des Experimentes liegen, war zu überprüfen, ob die bisherigen theoretischen Annahmen zu den anatomischen Verhältnissen während des Geschlechtsverkehrs nur reine Annahmen waren oder in der Praxis tatsächlich zutrafen. 13 Experimente mit acht Paaren und drei Singlefrauen wurden durchgeführt, alle Eckwerte der sexuellen Beschäftigungen sorgfältig dokumentiert. Bei einzelnen Experimenten wurde das damals gerade neu verfügbare Viagra eingesetzt.

Die wichtigsten Resultate: Keine der Frauen konnte bestätigen, dass sie einen G-Punkt besäße. Auch der Mythos von der weiblichen Ejakulation beim Orgasmus wurde widerlegt. Während des Aktes in der Missionarsstellung zeigte der Penis die Form eines Bumerangs, wenn man das untere Drittel (die Peniswurzel) in die Betrachtung einbezog. Ganz nebenbei wurde endlich die von Leonardo da Vinci vertretene Vorstellung widerlegt, der männliche Samen käme aus dem Gehirn und würde über das Rückenmark in den Penis transportiert. Bei sexueller Erregung einer Frau ohne Geschlechtsverkehr hob sich der Uterus an, änderte aber nicht, wie zuvor angenommen, seine Größe. Die vordere Scheidenwand hingegen verlängerte sich etwas.

Und wieder haben einige große Rätsel der menschlichen Existenz eine Auflösung gefunden – nutzen Sie Ihr neu gewonnenes Wissen, wozu auch immer ...

Willibrord Weijmar Schultz, Pek van Andel, Eduard Mooyaart, Ida Sabelis: »Magnetic Resonance Imaging of Male and Female Genitals During Coitus and Female Sexual Arousal«

1996 – Kopflose Körper

Transplantationen waren schon immer ein spannendes Thema – was aber will ein Wissenschaftler mit einem Körper ohne Kopf? Warum nur stellten William Shawlot und Richard Behringer von der University of Texas ihre gesamte wissenschaftliche Qualifikation in den Dienst der Aufgabe, Körper ohne Kopf herzustellen? Vollkommen klar: Körper ohne Kopf sind hervorragende Quellen für Spenderorgane! Anders als ihre Vorgänger Jahrzehnte zuvor – Wladimir Demikow (Hunde) und Robert Joseph White (Affen) – griffen die beiden Wissenschaftler nicht zum Skalpell, sondern versuchten das Problem mittels Genmanipulation zu lösen. Indem sie ein bestimmtes Gen namens Lim1 bei heranwachsenden Mäuse-Föten abschalteten, gelang es ihnen, 125 kopflose Mäuse-Embryonen heranzuzüchten – allerdings überlebten nur wenige bis zur Geburt, und auch diese starben, weil sie natürlich nicht atmen konnten. Das Gen Lim1 gehört zu einer Reihe von Erbanlagen, die für die Entwicklung eines Embryos von zentraler Bedeutung sind, und es gibt dieses Gen bei allen Tierarten – und vermutlich also auch beim Menschen. Natürlich würde man Menschenversuche nur anstellen, um herauszufinden, auf welche Weise sich der menschliche Kopf entwickelt ...

1997 führte übrigens Jonathan Slack von der südenglischen University of Bath die Experimente von Shawlot und Behringer weiter. Es gelang ihm, mithilfe von Genmanipulation kopflose Frösche zu erzeugen. Nun ist es nur noch ein Schritt bis zum völlig kopflosen Wissenschaftler ...

William Shawlot, Richard R. Behringer: »Lim1 Activity Is Required for Intermediate Mesoderm Differentiation in the Mouse Embryo«, Nature 4/1995, 30. März 1995, S. 425–430

1996 – Mit Käse gegen Moskitos

Der niederländische Forscher Bart Knols von der Universität Wageningen und eine Reihe anderer Wissenschaftler und Organisationen wurden 2006 zu Ig-Nobelpreisträgern, weil sie herausgefunden hatten, dass die Malaria übertragenden weiblichen Moskitos (Anopheles gambiae) von einem Stückchen Limburger Käse in gleicher Weise oder sogar noch deutlich stärker angezogen werden als von menschlichen Käsefüßen. Ein bisschen fragwürdig ist allerdings die Vergabe des Anti-Nobelpreises in diesem Fall schon: Zwar besitzt Fußgeruch im Allgemeinen ein beachtliches humoristisches Potenzial, aber die Forschungen, die hinter dieser Studie standen, sind alles andere als ein Witz, und wenn sie ernst gemeint sind, taucht natürlich sofort die Frage auf: Kann ich mich mit einem stinkenden Stück Limburger Käse vor Mückenstichen schützen?

Bart Knols und seine Mitarbeiter arbeiteten in den 1990er-Jahren daran, die Malaria auszurotten. Auf der Suche nach geeigneten Wirkstoffen stießen sie eben auch auf Limburger Käse. Ihre weiteren Forschungen und Ideen – unter anderem die, dass speziell ausgebildete Hunde Mückenlarven erschnüffeln können – werden vielen Menschen in den Malariaregionen der Erde geholfen haben, so lustig die Sache mit dem Käse auch klingt. Eher in die Abteilung Käse gehört vielleicht die Forschungsarbeit der folgenden Wissenschaftler: Antonio Mulet, José Javier Benedito und seine Kollegen befassten sich mit der Ausbreitungsgeschwindigkeit von Ultraschallwellen in Cheddar-Käse unter Einfluss der Temperatur. Sie liegt übrigens zwischen 1590 und 1696 m/s, und so hübsch unsinnig dieses Forschungsergebnis auch klingt: Es findet Verwendung in der industriellen Käseherstellung.

Bart. G. J. Knols: »On Human Odour, Malaria Mosqui-
toes, and Limburger Cheese«, The Lancet, vol. 348, 9.
November 1996, S. 1322

B. G. J. Knols, J. J. A. van Loon, A. Cork, R. D. Robinson,
et al.: »Behavioural and electrophysiological responses of the female malaria mosquito Anopheles gambiae (Diptera: Culicidae) to Limburger cheese volatiles,«
Bulletin of Entomological Research, vol. 87, 1997, S.
151–159

B. G. J. Knols and R. De Jong: »Limburger Cheese as an
Attractant for the Malaria Mosquito Anopheles gambiae
s.s.« Parasitology Today, yd. 12, no. 4, 1996, S. 159–161

Antonio Mulet, José Javier Benedito, José Bon, Car-
men Rosselló: »Ultrasonic Velocity in Cheddar Cheese
as Affected by Temperature«, Journal of Food Science,
vol. 64, no. 6, 1999, S. 1038–1041

1997 – Prophylaxe im Fahrstuhl

Was tun, wenn das Immunsystem wieder einmal zu versagen
droht und die nächste Erkältung heraufzieht? Ganz einfach:
Fahrstuhl fahren! Psychologieprofessor Carl J. Charnetski,
Dozent Francis X. Brennan jr. von der Wilkes University in
Wilkes-Barre, Pennsylvania, und James F. Harrison von Muz-
ak Ltd. in Seattle konnten durch ihre Untersuchungen sicherstellen, dass Fahrstuhlmusik die Bildung von Immunglobulin
A (IgA) im menschlichen Körper anregt und so eventuell Er-
kältungen vorbeugen kann. Insgesamt 66 Collegestudenten
wurden einer von vier Versuchsbedingungen ausgesetzt: Sie
hörten 30 Minuten lang einen Ton, 30 Minuten »Fahrstuhlmusik«, 30 Minuten Radiomusik oder mussten 30 Minuten
Stille ertragen. Vor und nach der Beschallung wurden ihnen

Speichelproben entnommen. Die Auswertung ergab eine signifikante Steigerung der Immunglobulin-A-Werte bei 20 Fahrstuhlmusik-Hörern, die übrigen Probanden zeigten keine Veränderung. Unsere Erkenntnis für den Alltag: Echinacea, Globuli, abhärtendes kaltes Duschen? Alles Quatsch, rein in die Fahrstuhlkabine! Vermutlich wird Ihr Arzt Ihnen bald 24 Stockwerke täglich verordnen. Welche Kompositionen aus U- und E-Musik besonders heilsam wirken, dürfte von Ihrem persönlichen musikalischen Immunsystem abhängen.

Carl J. Charnetski, Francis X. Brennan jr. and James F. Harrison: »Effect of music and auditory stimuli on secretory immunoglobulin A (IgA)«, Perceptual and Motor Skills, Vol. 87, 1998, S. 1163–1170

1997 – Wandernde Schamhaare

Leider ist es nicht ganz einfach, in einem ziemlich speziellen Forschungsgebiet tiefer gehende Erkenntnisse zu gewinnen: die Wanderung von Schamhaaren. Durch die Untersuchungen des Forensikers David L. Exline und seiner Kollegen in Birmingham, Alabama, zu diesem Thema wurde immerhin geklärt: Beim Sex kommt es in durchschnittlich 17,3 Prozent aller Liebesakte zum Austausch von Schamhaaren, wobei mit einer Quote von 23,6 Prozent eher Haare von der Frau zum Mann überspringen als vom Mann zur Frau. Hier liegt die Migrationsrate bei nur 10,9 Prozent Ein wechselseitiger Austausch soll so gut wie nie stattfinden. Es wäre zwar intellektuell interessant, mehr über die experimentellen Methoden zu erfahren, aber andererseits sind diese Ergebnisse für unsere heutige rasurbeflissene Zeit irrelevant: Kaum jemand aus der jüngeren Generation unseres Kulturkreises verfügt noch über Schamhaare, die er oder sie mit jemand austauschen könnte. Und ob die Herrschaften über 35 noch Schamhaare austauschen oder lieber Golf spielen, wäre ein lohnender Gegenstand für eine wissenschaftliche Untersuchung.

Exline, DL, Smith, FP, Drexler SG: »Frequency of Pubic Hair Transfer During Sexual Intercourse«, J Forensic Sci 1998; 43 (3): S. 505–508

2000 – Achterbahn kontra Asthma

Wie wirkt sich Stress auf die Wahrnehmung von Symptomen aus? Simon Rietveld (Universität Amsterdam) und Ilja van Beest (Universität Tilburg) versuchten das herauszufinden – auf der Achterbahn. Die Wissenschaftler schickten 25 junge Frauen, die unter schwerem Asthma litten, und 15 Kontrollpersonen ohne Symptome in die Kabinen einer Achterbahn. Sie stellten fest, dass kurz vor Fahrtbeginn der negative Stress und der Blutdruck bei allen Versuchspersonen am höchsten waren und dass unmittelbar nach der Fahrt die positiven Emotionen bei erhöhtem Herzschlag ihren Höhepunkt erreichten. Und: Nach Schussfahrten und Loopings auf der Achterbahn verringerte sich bei den Asthmapatientinnen die Atemnot deutlich. Heilung auf dem Rummelplatz also?

Keineswegs, denn die Lungenfunktion der Erkrankten hatte sich bei einigen Probandinnen sogar noch verschlechtert. Ursache für die nach der Fahrt weniger intensiv wahrgenommene Dyspnea war nach Meinung der Autoren der Studie nicht die positive Wirkung des Fahrgeschäftes, sondern eine erlernte Verbindung zwischen der Asthmaerkrankung und positiven bzw. negativen Gefühlswahrnehmungen: Außerdem gilt: Wer glücklich ist, konzentriert seine Wahrnehmung nicht auf seine Probleme und leidet deshalb weniger. Gehässige Zeitgenossen würden möglicherweise auch behaupten, dass jemand seine Lunge und ihre Fehlfunktionen vergisst, wenn sich ihm gerade der Magen umdreht. So oder so, für Asthmapatienten scheint sich die Anschaffung einer eigenen Achterbahn aus Therapiezwecken nicht sonderlich zu lohnen. Immerhin: Rietveld und van Beest erhielten 2010 den Ig-Nobelpreis für ihre Kirmesstudie.

Simon Rietveld, Ilja van Beest: »Rollercoaster Asthma: When Positive Emotional Stress Interferes with Dyspnea Perception«, in: Behaviour Research and Therapy, Mai 2007, 45 (5): S. 977–987

1999 – Scharfe Sache?

Haben Sie nicht auch schon immer von einem Bonbon geträumt, das nicht süß schmeckt? Oder von einer garantiert nicht sauren Zitrone? Dann wird sie möglicherweise die Entwicklung von Paul Bosland, Direktor des Chile Pepper Institutes der New Mexico State University, beeindrucken, dem es gelungen ist, Jalapeño-Chili ohne Schärfe zu züchten. Fragen Sie Ihren Gemüsehändler nach der Sorte NuMex Primavera. Bosland und die Mitarbeiter seines Instituts haben sich überhaupt als Züchter bewährt: Dank seiner Tätigkeit gibt es die fast 35 cm lange Sorte NewMex Big Jim und auch voluminöse Chilisorten, in die jede Menge Frischkäsefüllung passt ...

Paul Bosland: »On the Comparative Palatability of Some Dry-Season Tadpoles from Costa Rica«, in: The American Midland Naturalist, Vol. 86, No. 1, July 1971, S. 101–109

2002 – Forschungsobjekt Bauchnabelfussel

Wer hätte es geahnt, dass Dr. Karl Kruszelnicki von der Universität in Sydney, Australien, in die Wissenschaftsgeschichte eingehen und sogar einen Nobelpreis erhalten würde, als er begann, über Bauchnabelfusseln zu forschen? Zwar handelt es sich dabei um den Ig-Nobelpreis, die bereits mehrfach erwähnte Auszeichnung für leicht durchgeknallte Wissenschaft, aber immerhin: Preis ist Preis. Dr. Kruszelnicki nutzte für seine wuscheligen Forschungen das Internet, erhob die persönlichen Bauchnabeldaten von 4 799 Personen und erfragte unter anderem auch, ob die Waschmaschine seiner Testpersonen ein Front- oder Toplader sei. Das Ergebnis seiner Untersuchungen: Der durchschnittliche Bauchnabelfussel-Erzeuger ist mittleren Alters, männlich, leicht übergewichtig und behaart.

2009 präzisierten österreichische Forscher an der Technischen Universität Wien unter Leitung von Georg Steinhauser, sonst eher Atomwissenschaftler und Strahlungsphysiker, die Untersuchungen von Kruszelnicki in dreijährigen eigenen Erhebungen. Ihre zentralen Einsichten kurz zusammengefasst: Bauchnabelfusseln enthalten Hautpartikel, Körperfett, Haare und nicht menschliche, textile Bestandteile. Der durchschnittliche Bauchnabel enthielt 1 bis 2 Mikrogramm Fusselmasse, übergewichtige und stark behaarte Menschen übertrafen diesen Wert deutlich. Es sind Borsten am Bauchnabel, welche die angelieferten Materialien zu Fusseln verarbeiten. Hauptquelle für die Fusselbildung ist neue Unterwäsche. Und es dauert ungefähr 1000 Jahre, bis sich ein neues Unterhemd komplett in Bauchnabelfussel verwandelt hat. Wollten wir das nicht schon immer wissen?

Georg Steinhauser: »The nature of navel fluff«, in: Medical hypotheses 72, Nr. 6, 1. Juni 2009, S. 623 ff.

Tierversuche und Monsterkunde

Tiere gehören schon immer zu den beliebtesten Forschungsobjekten. Sie zu entdecken, mit lateinischen Namen zu versehen und in einen Katalog einzuordnen, war lange Zeit die Hauptbeschäftigung zahlloser Wissenschaftler. Einmal wissenschaftlich eingeordnet, ging und geht es im Weiteren darum, ihnen ihre letzten Geheimnisse zu entlocken. In vielen Fällen sollte sich die Biologie damit beeilen, setzen doch andere wiederum all ihre Energie dafür ein, sich die Erde untertan zu machen, wobei die eine oder andere Art von der Oberfläche dieses Planeten getilgt wird.

Werden sie nicht gerade ausgerottet, so dienen Tiere als Versuchsobjekte in der Wissenschaft – sie müssen leiden, um den Menschen das Leiden zu ersparen, könnte man denken, und alle Forscher, die Versuche an Tieren anstellen, glauben mit Sicherheit, nach dieser Maxime zu handeln und auch ein Recht zu haben, dies zu tun. Dass sie dabei in der Vergangenheit manchmal die Übersicht verloren und ihre Experimente jenseits aller Sinnhaftigkeit stattfanden, beweisen einige Fälle in diesem Kapitel ...

1894 – Tod durch Schlafentzug

Irgendeiner musste es wohl tun, um herauszufinden, wie wichtig Schlaf für ein Lebewesen ist, und die russische Wissenschaftlerin Marie de Manacéïne (1841–1903) tat es mit jungen Hunden. In einem Versuch übernahm sie die traurige Aufgabe, insgesamt sieben Hundewelpen um den Schlaf zu bringen. Der erste junge Hund starb nach 96 Stunden, der letzte überlebte 143 Stunden ohne Schlaf. Innerlich berührt vom Leiden der armen Kreaturen, versuchte sie zwar die restlichen Tiere, die ebenfalls bereits einen langen Schlafentzug hinter sich hatten, noch zu retten, doch vergeblich. Immerhin hatte der grausame Versuch gezeigt, dass Schlaf nicht nur eine lästige Angewohnheit ist und dass vollständiger Schlafentzug tödlicher wirkt als ein Mangel an Nahrung. Denselben Zeitraum ohne Futter hätten die jungen Hunde vermutlich problemlos überstanden. Das Buch über die Schlafexperimente der Marie de Manacéïne wurde als Taschenbuch wieder aufgelegt und kann noch heute käuflich erworben werden.

1896 folgten die ersten Versuche zum Thema Schlafentzug mit Menschen. J. Allen Gilbert und George Patrick hielten an der Universität von Iowa Versuchspersonen über 90 Stunden wach. Einige der Probanden litten bereits nach der zweiten durchwachten Nacht unter Halluzinationen.

Marie de Manacéïne: »Sleep: Its Physiology, Pathology, Hygiene, and Psychology«, Forgotten Books 2012

1902 – Sabbernde Hunde

Nein, man kann nicht sagen, dass der russische Mediziner und Physiologe Iwan Petrowitsch Pawlow (1849–1936) ein besonders kurioser Mensch oder im heutigen Sinne ein Nerd gewesen sei, und es bedarf schon einer Sensationsanreicherung à la Privatfernsehen, um aus einem seriösen Forscher einen Freak Typ Frankenstein werden zu lassen. Er war ein seriöser Wissenschaftler, und Pawlow erhielt 1904 den Nobelpreis für Physiologie oder Medizin nicht für seine Arbeiten zum Verhalten von Hunden, sondern für seine Forschungen zur Funktion der Verdauungsdrüsen. Mit seiner These, dass das Verhalten von Menschen und Tieren auf Reflexen beruht, legte er wichtige Grundlagen für die Verhaltensforschung, die später im sogenannten Behaviorismus fortgeführt wurden.

Genuines Produkt seiner Forschungen ist das Prinzip der klassischen Konditionierung, in Experimenten nachgewiesen am sogenannten Pawlow'schen Hund: Pawlow stellte fest, dass der Speichelfluss bei Hunden nicht erst beim Vorgang des Fressens beginnt, sondern dass die Tiere schon beim Anblick ihrer Nahrung Speichel absondern. Der optische Reiz der angebotenen Nahrungsmittel genügte. Mehr noch: Schon wenn sie die Schritte des Menschen hörten, der ihnen ihr Futter brachte, begann ihr Verdauungssystem zu arbeiten, weil sie dieses Geräusch mit der in Kürze kommenden Nahrung verbanden. Darüber hinaus konnte Pawlow nachweisen, dass der den Speichelfluss auslösende Reiz nicht unbedingt mit der Nahrung in Verbindung stehen muss. Kurz bevor die Hunde zu fressen bekamen, läutete Pawlow eine Glocke, eigentlich ein neutrales Geräusch, das der Forscher aber durch stetige Wiederholung in Zusammenhang mit der Nahrung brachte. Schließlich genügte es, die Glocke zu läuten, um bei den Hunden Vorfreude auf das kommende Essen und somit Speichelfluss hervorzurufen. Pawlow hatte Reiz und Reaktion neu miteinander verknüpft und die Hunde, wie er es ausdrückte, konditioniert.

1904 – Zählende Pferde

Der griechische Philosoph Aristoteles (384–322 v. Chr.) prägte wie kaum ein anderer mit seinen Ideen unser Denken. Er vertrat auch die Ansicht, dass wir Menschen den Tieren überlegen seien, da wir als Einzige die Befähigung zur Vernunft besitzen. Doch so ganz sicher scheint sich die menschliche Rasse dieser Überlegenheit nie gewesen zu sein. Der Vergleich zwischen der Intelligenz von Menschen und Tieren motivierte Forscher zu allen Zeiten zu neuen Untersuchungen. Gewöhnlich ging es darum, die Dominanz des Wesens, das sich selbst Homo sapiens (= der weise Mensch) nennt, neu zu belegen und immer wieder den Merksatz zu formulieren: Wir Menschen sind und bleiben nun einmal die intelligenteste Lebensform auf dieser Erde. Rechtfertigt diese Erkenntnis doch den rücksichtslosen Umgang und die Ausbeutung von Tieren, denn schließlich – auch die Religion mischte sich ein – hat Gott ja das überlegene Hirn des Menschen geschaffen und ihn somit berechtigt, sich die Erde untertan zu machen und Raubbau an der Natur zu praktizieren.

Und dennoch waren Menschen zu allen Zeiten fasziniert, wenn irgendwo in der Tierwelt Konkurrenz aufblitzte. Doch ist Intelligenz bei Tieren weder einfach zu definieren noch genau zu umschreiben. Möglicherweise bemerken wir so von uns überzeugten Humanoiden die Intelligenz vieler Tierarten auch einfach nur nicht, weil unsere Kommunikation mit ihnen eingeschränkt ist. Die Nachrichten, welche sich Raubtiere über Duftmarken zukommen lassen, verstehen wir nicht einmal im Ansatz, ganz zu schweigen von den Lautsignalen von Walen, zu deren Bedeutung wir bisher ebenfalls keinen Zugang gefunden haben.

Um die Kommunikation zwischen Mensch und Pferd machte sich Wilhelm von Osten (1838–1909) verdient – immerhin ein Anfang. Im Jahre 1904 wurden er und sein Pferd namens Hans berühmt – wegen der Klugheit des Tieres. Der schwarze Hengst konnte rechnen, auf Nachfrage den Wochentag benennen und sogar die Uhrzeit ablesen. Das jedenfalls wollte der pensionierte Lehrer seinem Publikum in Berliner Hinterhöfen suggerieren, der bei dem Pferd zwar keine nennenswerten Intelligenzleistungen vorfand, ihm jedoch einige Tricks beigebracht hatte. Das Tier kommunizierte mit seinem Dompteur, indem es mit seinem Huf auf den Boden klopfte. Lehrer von Osten zählte die möglichen Lösungen auf – Montag, Dienstag, Mittwoch, Donnerstag ... Und genau an der richtigen Stelle hörte das Tier mit dem Klopfen auf, in diesem Falle also bei Donnerstag. Kein Problem für den Hengst, die Quadratwurzel von 81 zu ziehen oder die Uhrzeit zu klopfen. Auch das Lesen und die Unterscheidung von zehn verschiedenen Farben sollte das Pferd beherrschen. Nach anfänglichen Misserfolgen beim Publikum – Wilhelm von Osten wollte sogar aufgeben und das Pferd verkaufen – stieg der Bekanntheitsgrad des überaus schlauen Tieres. Mit jedem neuen Auftritt wuchs die Schar begeisterter Zuschauer, die Presse bis hin zur *New York Times* berichtete ausführlich. Vermutlich würden Herrchen und Pferdchen heute ähnlich reich und berühmt wie Grumpy Cat.

Ein Doktorand vom Psychologischen Institut der Berliner Universität namens Oskar Pfungst rückte die Welt wieder zurecht und stellte klar: Alles fauler Zauber! Der Kluge Hans konnte weder zählen noch rechnen, sondern tat nichts weiter, als seinen menschlichen Partner genau zu beobachten.

Die Intelligenz war nämlich wie weggeblasen, wenn man dem Gaul Scheuklappen verpasste. Die Signale waren zwei simple Gesten:

Blick nach unten: Hans beginnt mit den Hufen zu klopfen.

Kopf nach oben: Schluss mit der Klopferei, wir sind am Ziel.

Intelligenz? Allenfalls eine gute Dressur. Es sollte noch mehrere Jahrzehnte dauern, bis Verhaltensforscher begannen, bei Schimpansen, Papageien, Rabenvögeln, Meeressäugern oder Ratten nach Intelligenz zu suchen und ihre empathischen und kommunikativen Leistungen in Augenschein zu nehmen. Pferde gehörten nicht zu den Tierarten, bei denen man damals geistige Großtaten vermutet hätte. Doch hat die Tierpsychologie mittlerweile herausgefunden, dass diese Tierart als Reittier deutlich unterfordert ist. Pferde wissen, wie sie heißen, verfügen über ein großartiges Wahrnehmungsvermögen und weitreichende soziale Befähigungen.

Die Entzauberung der Tricks des klugen Pferdes schadete seiner Bekanntheit wenig: Der Kluge Hans fand immer noch seine Zuschauer. Nach dem Tode von Wilhelm von Osten 1909 spielte er weiterhin das überaus kluge Wundertier. Sein neuer Besitzer, der Kaufmann Karl Krall, der bereits mit Wilhelm von Osten zusammengearbeitet hatte, nutzte ihn für weitere Experimente und bildete auch andere Pferde aus. In einem psychologischen Laboratorium im Stall des Geheimen Kommerzienrates von der Heydt in Elberfeld diente ein vielköpfiges Team aus dem Tierreich der Wissenschaft: Elf Pferde und ein Pony, zwei Esel und ein Elefant standen für Versuche zur Verfügung. 1912 erschien Karl Kralls Buch *Denkende Tiere*, in dem er seine Ergebnisse publizierte. Mit der Zeitschrift *Tierseele* verfolgte er ähnliche Absichten, scheiterte aber am geringen Publikumsinteresse und gab 1916 seine Forschungen auf. Der kluge Hans und die anderen Pferde aus dem Labor mussten in den Ersten Weltkrieg ziehen, ihr weiteres Schicksal ist unbekannt.

Der Kluge Hans. Ein Beitrag zur nichtverbalen Kommunikation. 3. Auflage Frankfurt am Main: Frankfurter Fachbuchhandlung für Psychologie, o. J. (Neuauflage des Originals von 1907), erste englische Übersetzung 1911

Horst Gundlach: »Carl Stumpf, Oskar Pfungst, der Kluge Hans und eine geglückte Vernebelungsaktion«, in: Psychologische Rundschau, 57. Jg., Heft 2, 2006, S. 96–105

Krall, Karl (Hrsg.): Tierseele. Zeitschrift für vergleichende Seelenkunde. Bonn: Emil Eisele, 1913

1927 – Den Urmenschen wiederherstellen

Wissenschaftler neigen dazu, alles auszuprobieren, was nur denkbar ist. Ob ein Forschungsvorhaben oder Experiment moralisch vertretbar ist, interessiert die meisten erst in zweiter Linie. Interessanterweise finden besonders die gruseligen, geschmacklosen und wirklich verwerflichen Experimente das größte Publikum unter den wissenschaftlichen Laien. Und manches, was mal nicht realisiert wird, entwickelt ein Eigenleben als Gerücht aus gewöhnlich gut informierter Quelle.

Ein solches über Jahrzehnte verbreitetes Gerücht vermutete, dass es in der Sowjetunion Forschern gelungen sei, hybride Formen zwischen Mensch und Affe zu realisieren und auf diesem Wege den Urmenschen wiederherzustellen. So soll der Biologe und Zuchtexperte Dr. Ilja Iwanow (1870–1932), erfolgreich am Biologischen Institut in Moskau und in Kasachstan tätig, unter anderem die künstliche Befruchtung bei Nutztieren optimiert und ein Pferd mit einem Zebra gekreuzt haben. Sein Vorhaben, eine Kreuzung zwischen Mensch und Schimpanse zu versuchen, scheiterte zunächst am Mangel an männlichen Schimpansen. Frauen, die einem solchen Zuchtversuch gegenüber aufgeschlossen waren, fanden sich in der Tat. Iwanow versuchte, Schimpansen aus Kuba zu erhalten, doch die Leiterin der dortigen Zuchtstation Rosalía Abreu weigerte sich nach einem gegen sie gerichteten Drohbrief des Ku-Klux-Klans, männliche Tiere zu liefern.

Also reiste Ilja Iwanow 1927 nach Afrika, um in Westguinea nach Möglichkeiten zu suchen, seinen Traum von einer Kreuzung zwischen Mensch und Affe zu realisieren. Er scheiterte auch hier, unter anderem deshalb, weil er den genauen Zweck seiner Experimente gegenüber dem einheimischen Personal seiner Forschungseinrichtung geheim halten musste. Über drei gescheiterte Versuche, weibliche Schimpansen mit menschlichen Samen zu befruchten, kam er nicht hinaus. Zweite Tiere starben wegen der schlechten Haltungsbedingungen, das dritte, offenbar recht kluge Tier weigerte sich, schwanger zu werden.

Die russische Akademie der Wissenschaften unterstützte übrigens Iwanows Versuche, weil sie hoffte, durch Bestätigung der Theorien von Darwin über die nahe Verwandtschaft zwischen Mensch und Schimpanse die christliche Schöpfungslehre in Misskredit zu bringen. Iwanow sollte den Beweis erbringen, dass kein Gott den Menschen erschaffen habe, sondern die menschliche Art nichts weiter als ein Produkt der Evolution und eine Art besserer Affe ist.

Seine geheimen Pläne, afrikanische Frauen im Krankenhaus ohne deren Wissen künstlich zu befruchten, konnte Iwanow zum Glück nicht realisieren. Zurück in der Sowjetunion, wollte er in einer Forschungsstation am Schwarzen Meer weitere Versuche mit einem Orang-Utan namens Tarzan unternehmen. Erstaunlicherweise fanden sich wieder einige Frauen, die bereit waren, Tarzans Kinder auszutragen – vermutlich verwechselten sie den Affen mit dem Dschungelhelden aus den Romanen von Edgar Rice Burroughs. Auch Forscherkollege und Potenzoptimierer Serge Woronoff (Sie erinnern sich, der mit den Affenhoden) zeigte sich an Iwanows Vorhaben interessiert und spekulierte auf die Gonaden von Mensch-Affe-Kreuzungen. Aber Tarzan ging ein, Iwanow geriet bei Stalin in Ungnade und wurde in ein Straflager im kasachischen Alma Ata geschickt, wo er 1932 starb. Andere Forscher sollen seine Arbeiten fortgeführt haben, doch lässt sich dies auch nach Öffnung der Archive nach Auflösung der Sowjetunion durch nichts belegen.

1928 – Die Horrorköpfe des Sergei Brukhonenko

Mithilfe einer einfachen Herz-Lungen-Maschine, die er »Autojector« nannte, gelang es dem russischen Arzt Sergei Brukhonenko (1890–1960), den abgetrennten Kopf eines Hundes am Leben zu erhalten, allerdings nur für Zeiträume von wenigen Minuten bis zu maximal drei Stunden. 1928 präsentierte er einen seiner Köpfe auf einem physiologischen Kongress in der UdSSR. Um zu beweisen, dass das arme Geschöpf auf dem Labortisch tatsächlich lebte, führte Brukhonenko verschiedene Versuche durch. Der Kopf reagierte auf Geräusche, die Augen auf einfallendes Licht. Brukhonenko fütterte den Hund ohne Körper, der fraß den ihm vorgehaltenen Leckerbissen, der kurze Zeit später am Halsende aus der Speiseröhre fiel.

Außerdem soll der russische Forscher zunächst durch Ausbluten getötete Hunde »wiederbelebt«, das heißt mit Blut vollgepumpt haben, die allerdings wegen der massiven Hirnschäden allenfalls Zombies gewesen sein können. Ein solches Experiment wurde filmisch dokumentiert und ergänzt heute die Horrorabteilung im Internet.

Konstantinov, Igor E.; Alexi-Meskishvili, Vladimir V.: »Sergei S. Brukhonenko: The Development of the First Heart-Lung Machine for Total Body Perfusion«, Annals of Thoracic Surgery 69 (3): S. 962–966

1948 – Spinnen auf Droge

Ursprünglich waren keine Drogenexperimente mit Spinnen geplant, als der Zoologe Hans M. Peters (1908–1996) von der Universität Tübingen versuchte, Spinnen mithilfe von Medikamenten in ihrem Tagesablauf zu beeinflussen. Er hatte eigentlich nur vor, ihren Netzbau filmisch festzuhalten, ärgerte sich aber über die »Arbeitszeiten« der Tiere. Regelmäßig musste er unmenschlich früh aufstehen, weil die Spinnen bereits um 4:00 Uhr morgens mit ihrer Arbeit anfingen. Doch die Spinnen ließen sich nicht in der gewünschten Weise pharmakologisch beeinflussen. Mittel wie Strychnin, Morphium und Amphetamine zeigten nicht die erhoffte Wirkung, die Spinnen begannen wie zuvor auch vor Sonnenaufgang im frühen Morgengrauen zu spinnen. Hans M. Peters gab seine Versuche auf, verschlafen, wie er war.

Aufgeweckt hingegen reagierte der Assistent Peter N. Witt (1918–1998) aus der pharmazeutischen Abteilung der Universität, denn die Netze der Spinnen unter Drogeneinfluss faszinierten ihn. In der Natur hatte er so etwas noch nie beobachtet, produzierten doch die Spinnen je nach gewählter Medikation seltsam unvollständige, ungewöhnlich durchlässige, aber auch enge oder äußerst akkurate Netze. Jede an die Spinnen verfütterte Substanz – von Koffein über LSD, Phenobarbital, Marihuana, Meskalin, Psilocybin bis zu Valium – manifestierte ihre Wirkung in einem anderen Netztyp, den Witt sie in einem 35 mal 35 Zentimeter großen Rahmen bauen ließ. Koffein brachte besonders chaotische Netze hervor, Marihuana die schönsten, während eine Gabe von LSD besonders regelmäßige Spinnenprodukte zur Folge hatte. Leider konnte aber keine so große Regelmäßigkeit in der Arbeit der Spinnen festgestellt werden, dass man das entstehende Netz als sicheren Indikator für chemische Stoffe hätte nutzen können, was sich Peter N. Witt erhofft hatte. Das hinderte ihn nicht daran, den Spinnennetzbau weiter zu untersuchen: Als die erste amerikanische Weltraumstation Skylab in den 1970er-Jahren ins All reiste, war Peter N. Witt mit seinen Spinnen bei Experimenten in der Schwerelosigkeit beteiligt.

Anfang der 1950er-Jahre hatten Schweizer Forscher vom Friedmatt-Sanatorium von Witts Versuchen gehört und hatten die Idee, seine Erfahrungen für ein weiterführendes Experiment zu nutzen. Meskalin und LSD verursachen bei Menschen ähnliche Halluzinationen, wie Schizophrene sie erleben, und deshalb vermuteten die Wissenschaftler, dass es im Metabolismus eine oder mehrere Substanzen geben könnte, die man mithilfe von veränderten Spinnennetzen im Urin von Schizophrenie-Patienten nachweisen könnte. Der Biologe Hans-Peter Rieder präparierte Proben aus dem Urin von 50 Schizophrenen, das Konzentrat wurde an Spinnen verfüttert. Zur Kontrolle wurden dieselben Versuche mit Proben unternommen, die aus dem Urin von gesunden Wissenschaftlern gewonnen wurden. Die Ergebnisse waren enttäuschend. Die Spinnen produzierten zwar veränderte Netze, wenn sie von einer Urinprobe gekostet hatten, aber es gab keine signifikanten Unterschiede zwischen den Schizophrenen und den Wissenschaftlern – was man auch ziemlich boshaft deuten kann. Das Ergebnis der vielfach wiederholten Experimente: Spinnennetze eignen sich nicht zur Diagnose von Geisteskrankheiten.

Ein kurioses Nebenergebnis: Eine konzentrierte Urinprobe muss für eine Spinne auch in einer Zuckerlösung widerwärtig schmecken. Bereits der einmalige flüchtige Kontakt mit der Flüssigkeit veranlasste Spinnen zur sorgfältigen Reinigung ihrer Mundwerkzeuge.

1995 führten Wissenschaftler der NASA denen von Peter N. Witt ähnelnde Versuche mit analogen Ergebnissen durch – wozu, ist allerdings schleierhaft. Vielleicht planten sie einen durchgeknallten Spinnenplaneten.

Witt, P. N.: »Die Wirkung von Substanzen, auf den Netzbau der Spinne als biologischer Test«, Springer Verlag, Heidelberg, 1956
Witt, P. N. et al.: »Spider web-building in outer space: evaluation of records from the Skylab spider experiment, J. Arachnol. 1977, 4: S. 115–124

1954 – Der zweiköpfige Hund

Der russische Forscher Wladimir Demikow (1916–1998) bereicherte 1954 die natürliche Fauna um neue Horrorwesen: Er schuf mehrere zweiköpfige Hunde. Auf den Hals eines deutschen Schäferhundes setzte er – zusätzlich zu dem bereits vorhandenen Kopf – den Kopf und die Schultern eines Welpentieres. Aß der eine Kopf, aß auch der andere, gähnte der eine, tat es auch der andere. Für Kummer sorgte nur, dass der ältere Kopf gelegentlich versuchte, den jüngeren abzuschütteln. Der wiederum versuchte, den anderen ins Ohr zu beißen. Keines der Monstertiere lebte länger als einen Monat. Doch gilt das Experiment als wegweisend für die Transplantationsforschung und als wichtiger Versuch unter anderem für Herztransplantationen bei Menschen.

In der Tat war Demikows Ziel nicht die Schaffung von Monsterwesen. Er experimentierte zwischen 1930 und 1950 ausgiebig, um die Möglichkeiten der Chirurgie zu verbessern, führte zu diesem Zweck die erste Herztransplantation bei einem Warmblüter durch und befasste sich mit Bypassoperationen. Der südafrikanische Herzchirurg Christiaan Barnard (1922–2001), dem 1967 die erste Herztransplantation an einem Menschen gelang, betrachtete Demikow als seinen Lehrer und besuchte dessen Forschungseinrichtung 1960 und 1963, um die dort zur Anwendung gebrachten Operationstechniken zu studieren, entwickelt von Demikow bei Versuchen an über 250 Hunden. Beim Verbrauch von Versuchstieren waren Wissenschaftler noch nie sparsam.

Demikhov, V. P.: »Experimental transplantation of vital organs«, New York: Consultant's Bureau 1962

1961 – Mäuse als Fische

Wenn ein Luft atmendes Säugetier ins Wasser fällt und die Kräfte zum Schwimmen schwinden, ertrinkt es. Diesen ebenso traurigen wie einfachen Sachverhalt wollte der Mediziner Johannes Kylstra (1925–2009), damals tätig an der Universität Leiden, offenbar nicht akzeptieren. Es war aber zunächst nicht seine Absicht, Schwimmer oder Taucher zu retten; stattdessen wollte er nierenkranken Patienten helfen. Sein Ansatz: Möglicherweise kann ein Lungenflügel als

Ersatzniere dienen, wenn man ihn mit Flüssigkeit füllt. Statt der Nieren könnten dann die Lungenbläschen Schadstoffe aus dem Blut filtern. Der andere Lungenflügel bliebe für die Atmung frei.

Erste Versuche mit Hunden zeigten, dass ein Lungenflügel keineswegs ausreichen würde. Also kam Kylstra auf die Idee, beide zu verwenden. Wie aber atmet man mit einer Lunge voller Flüssigkeit? Kylstra leitete Sauerstoff in eine Salzlösung, und zwar in einem Druckbehälter unter acht Atmosphären Überdruck. Dann setzte er Mäuse hinein, die durch einen Metallgitter am Auftauchen gehindert wurden. Die Mäuse ertranken – und lebten bis zu 18 Stunden weiter. Sie müssen also Wasser geatmet haben. Allerdings gelang es dem niederländischen Forscher nicht, die Mäuse wieder auf Luftatmung umzustellen – sie starben. Ein Tod für die Wissenschaft? Schon möglich, denn die Flüssigatmung kann schwer Lungenkranken helfen und man erhoffte sich Erkenntnisse für Taucher und das Arbeiten unter Wasser.

In den 1970er- und 1980er-Jahren führte Johannes A. Kylstra ähnliche Versuche an der Universität von Buffalo, New York, durch, andere Wissenschaftler folgten mit ähnlichen Experimenten. Auch bei Menschen gelang die Flüssigkeitsatmung zumindest über einen Lungenflügel. Dabei wurden mit Sauerstoff angereicherte Fluorcarbone verwendet, die sonst als Reinigungs- und Imprägnierungsmittel dienen.

Kylstra, Tissing, van der Maen: »Of mice as fish«; Transactions – American Society for Artificial Internal Organs 02/1962, 8: S. 378–83
Johannes A. Kylstra: »The Feasibility of Liquid Breathing in Man«, 1977

1964 – Stierkampf mit Fernbedienung

Der heldenhafte Torero war nicht nur im Spanien der 1960er-Jahre eine erstrebenswerte Männerrolle, denn was sonst hätte den Neurowissenschaftler José M. R. Delgado (1915–2011) in die Arena der südspanischen Provinzhauptstadt Cordoba getrieben? Als Stierkämpfer machte er keine sonderlich gute Figur, er war weder ordentlich trainiert noch in der Kunst des Stierkampfes erfahren. Außerdem führte er in der Arena zwar ein rotes Tuch, aber keinen Degen mit sich. Stattdessen hielt er einen kleinen Kasten mit ein paar Knöpfen in der Hand, seine Lebensversicherung. Der Professor für Physiologie und Psychiatrie an der Yale-Universität in New Haven (US-Staat Connecticut) hatte zuvor seinen tierischen Gegner manipuliert – als der Stier nun auf ihn losstürmte, drückte Delgado einfach einen Knopf, und die eben noch vor Wut schnaubende Bestie blieb wie angewurzelt stehen. Ein zweiter Knopfdruck – und das Rindvieh lief an Delgado vorbei und desinteressiert in der Arena umher. Chips in seinem Gehirn befahlen ihm, dem Steuergerät des Wissenschaftlers und damit seinen Signalen zu folgen. José M. R. Delgado hatte den ferngesteuerten Kampfstier erfunden.

Ein beeindruckender Versuch? Vielleicht. Kritiker vermuteten sofort, dass Delgado die elektronische Kontrolle über das menschliche Gehirn anstrebte. Einige waren sogar überzeugt, dass er diese bereits habe und nutze, wie aufgebrachte Briefe bewiesen. Derartige Kritik störte Delgado in keiner Weise. Er forschte weiter in diese Richtung, es machte ihm offenbar Spaß, Affen per Gehirnimplantat zum Gähnen oder Katzen zu wilden Attacken zu bewegen. All diese Versuche führten in den Köpfen seiner Kritiker zu Schreckensszenarien, zum Beispiel von Kindern, denen gleich nach der Geburt Hunderte von Kommandoelektroden ins

Gehirn eingepflanzt werden, um sie zu willfährigen Konsumenten zu machen ... Unvorstellbar! Dennoch wurden seine Erkenntnisse über die unterschiedlichen Funktionen der Gehirnregionen in den kommenden Jahrzehnten von der Wissenschaft genutzt und fortgeführt, wenn auch weniger spektakulär.

Für den Stier in einem gewöhnlichen Stierkampf wäre es möglicherweise gesünder, man könnte den Torero per Knopfdruck stoppen.

> José M. Delgado et al.: »Intracerebral Radio Stimulation and recording in Completely Free Patients«, Journal of Nervous and Mental Disease, Vol. 147 (4), 1968, S. 329–340
> José M. Delgado: »Physical Control of the Mind: Toward a Psychocivilized Society«

1965 – Artgenossen stimulieren

Es ging dem Psychologen Robert Zajonc (1923–2008) von der Stanford University nicht um einen lustigen Tierversuch, sondern um das Phänomen der *Social Facilitation* (soziale Erleichterung), als er eine Küchenschabe in ein Labyrinth setzte und etliche ihrer Artgenossen zu einem Publikum machte. Einfache Aufgaben erledigte das Tier besser, wenn andere Schaben zuschauten. Bei schwierigeren Anforderungen wurde das Tier vermutlich nervös und seine Leistung brach ein – es wurde deutlich schlechter. Um einen Vergleich aus der Welt der Menschen zu finden: Schalke spielt gegen den HSV besser, wenn Zuschauer in der Veltins-Arena sind. Die Königsblauen verlieren aber haushoch, wenn sie gegen Bayern München antreten müssen.

Zurück zu den Schaben: Die einfache Aufgabe bestand bei Robert Zajoncs darin, ein Labyrinth auf geradem Wege durch ein Loch zu verlassen, wenn eine Beleuchtung eingeschaltet wurde. Ohne Publikum dauerte das länger als unter den Augen der Artgenossen. Die schwierige Variante bestand darin, dass die Kakerlake erst um ein paar Ecken navigieren musste, um den Ausgang zu erreichen, was ihr solo in kürzerer Zeit gelang als mit Publikum.

Robert Zajonc: »Social facilitation«, 1965, Science, 149, S. 269–274

1965 – Was macht den Truthahn scharf?

Welche Schlüsselreize lösen beim männlichen Truthuhn (Meleagris gallopavo), also beim Truthahn, sexuelle Erregung aus? Oder anders gefragt: Was macht den Truthahn so richtig scharf? Diese weltbewegende Frage stellte sich eine Studiengruppe an der Pennsylvania State University im Jahre 1965. Martin Schein und Edgar Hale entwickelten also ein Experiment, um dies herauszufinden. Die Forscher konfrontierten den tierischen Probanden mit dem Modell eines lebensgroßen Truthahn-Weibchens, also mit einem Truthuhn. Prompt zeigte das männliche Tier alle Anzeichen von Erregung, zum Beispiel feuerrote Hautlappen am Hals, und bestieg das liebreizende Lustobjekt schnurstracks. Nun erweiterte das Forscherteam seine Fragestellung: Wie sieht beim Truthahn der minimale Sexualreiz aus, was bringt ihn gerade noch in Fahrt? Um das herauszufinden, nahmen sie von ihrem Dummy ein Teil nach dem anderen weg – Füße, Flügel, Federn usw. Erstaunlicherweise blieb der Truthahn dennoch paarungsbereit. Weder fehlten ihm die molligen Putenschenkel noch das ausladende, aufreizend befiederte Hinterteil der Henne. Mehr noch: Seine Erregung steigerte sich ins Unermessliche, als schließlich nur noch ein Truthuhn-Kopf auf einer Stange steckte. Und der Effekt war mit dem Solo-Kopf sogar stärker als mit einem kopflosen Körper. Welche Sexualpraktiken der Truthahn mit dem total verkopften Resthuhn auszuüben gedachte, wurde im Bericht der Wissenschaftler nicht dokumentiert. Außer »Ich schau dir in die Augen, Kleines!« blieb da nicht mehr viel.

Ein Ergebnis, dass eine interessante Hypothese bestätigt: Truthähne sind in erotischer Hinsicht durchschnittlichen Männern in ihrer Entwicklung weit überlegen. Während das Männchen des Homo sapiens eher auf körperliche Vorzüge fixiert ist, genügt den Truthahn ein tiefer Blick in die Augen seiner Gespielin ...

Einmal auf den Geschmack gekommen, untersuchten Schein und Hale weitere Geflügelarten auf ihr Liebesleben, zum Beispiel weiße Leghorn-Hühner. Doch das steht auf einem anderen Blatt.

Schein, M. W.; E. B. Hale: »Stimuli eliciting sexual behavior«, 1965, in: Sex and Behavior (F. A. Beach), New York: John Wiley & Sons
Schein, M. W.; Hale, E. B.: »Effects of morphological variations of chicken models on sexual responses of cocks«

1966 – Erst mal alles ausrotten – Radikalbiologie

Was tun Wissenschaftler nicht alles, um ihre Thesen zu beweisen! So ließ Edward O. Wilson (*1929), Biologe, Insektenforscher und ausgewiesener Ameisenexperte an der Harvard-Universität, im Jahr 1966 die Fauna von vier kleinen Inseln – mehr oder weniger größere Sandbänke – in den Sümpfen Floridas von einem Kammerjäger komplett ausrotten. Zuvor hatte er alle auf den Inseln lebende Arten in monatelanger akribischer Arbeit genau dokumentiert. Dann wurden die Inseln unter Plastikfolien mit Methylbromid begast. Wilson vertrat die Theorie, dass auf einer Insel einer bestimmten Größe nur eine dieser Größe entsprechende Anzahl von Arten leben kann. In den folgenden zwei Jahren beobachteten er und seine Mitarbeiter die Zuwanderung aus der Umgebung mit dem zu erwartenden Ergebnis – es siedelte sich wieder in etwa dieselbe Anzahl von Arten an wie zuvor.

> Edward O. Wilson, Robert H. MacArthur: The Theory of Island Biogeography, 1967
> Daniel S. Simberloff, Edward O. Wilson: »Experimental Zoogeography of Islands: The Colonization of Empty Islands; Ecological Society of America, Ecology, Vol. 50, No. 2 (März 1969), S. 278–296

1970 – Affenköpfe transplantieren

Der Kalte Krieg brachte auch in der Wissenschaft merkwürdige Auswüchse hervor: Kaum war es Wladimir Demikow 1954 gelungen, mit doppelköpfigen Hunden zu glänzen, gerieten US-Wissenschaftler in Zugzwang. Schließlich konnte die Supermacht nicht hinter den Kommunisten zurückstehen. Um zu beweisen, dass die besten Chirurgen doch in den USA zu finden waren, entschloss sich die amerikanische Regierung, die Arbeit des Neurochirurgen Robert Joseph White (1926–2010) finanziell zu unterstützen, dem daraufhin die erste Kopftransplantation bei einem Affen gelingen sollte. Am

14. März 1970 trennte White in einer aufwendigen Operation den Kopf eines lebenden Rhesusaffen von seinem Körper und setzte ihn auf den Körper eines anderen Tieres.

Als das Tier aus seiner Narkose erwachte und sich in einer Situation befand, die es nicht begreifen konnte, reagierte es aggressiv, soweit ihm dies möglich war: Es sah White wütend an und schnappte nach ihm. Seinen »neuen« Körper konnte es nicht gebrauchen, denn es bestand keine Verbindung über das Rückenmark der Wirbelsäule, deren komplexes System von Tausenden Nervensträngen bei der Operation durchtrennt und vollständig zerstört worden war. Der Affe war vom Hals an querschnittsgelähmt, nur der Blutkreislauf des Körpers war mit dem Kopf verbunden. Das arme Wesen konnte riechen, schmecken, hören und sehen. Glücklicherweise beendete der Tod die Leiden des Tieres nach eineinhalb Tagen. Andere Quellen berichten, es sei erst nach neun Tagen an den Folgen von Immunreaktionen gestorben.

Wenn White gehofft hatte, für seine Tat als Held gefeiert zu werden, so wurden seine Erwartungen enttäuscht. Die Öffentlichkeit reagierte auf das makabere Experiment mit Entsetzen. Wissenschaftlerkollegen nannten Whites Experiment barbarisch. White hielt das allerdings nicht davon ab, diesen makaberen Versuch viele Male zu wiederholen und – die Kopftransplantation bei einem Menschen zu propagieren. In Craig Vetovitz, einem fast vollständig querschnittsgelähmten Patienten, hatte er eine bereitwillige Versuchsperson gefunden, mit dem er gemeinsam Werbung für sein Vorhaben machte, das ihm glücklicherweise untersagt wurde.

Welchen Sinn derartige Experimente machen? Eine Idee dahinter ist vielleicht die Möglichkeit, die Köpfe von gewöhnlichen Menschen, aber auch die bedeutender Persönlichkeiten, die unter Querschnittslähmung leiden und deren Körper versagt, auf einen neuen, gesunden »Unterbau« zu setzen. Der Kopf von Stephen Hawking zum Beispiel könnte so »gerettet« werden, wenn sein Körper nicht mehr funktioniert ...

1976 – Warum wird dem Specht nicht schlecht?

Da hämmert der Vogel unentwegt mit seiner ganzen Kraft und unter Einsatz seines spitzen Schnabels auf Hartholz ein und arbeitet sich Millimeter für Millimeter vor und sein armes Gehirn muss jede der kraftvollen Bewegungen mitmachen und auffangen – und wir fragen uns: Warum bekommt das Tier keine Gehirnerschütterung? Was schützt Grün-, Bunt- und Schwarzspecht davor, bewusstlos vom Ast zu fallen? Dieser und ähnlichen Fragestellungen gingen Ivan R. Schwab und Philip R. A. May d. Ä. von der University of California, Davis, in ihrer Forschungsarbeit nach. Ihre Ergebnisse: Spezielle anatomische Einrichtungen schützen das Gehirn des Vogels. Na, wer hätte das gedacht ... Die Forscher hatten gehofft, neue Erkenntnisse über Aufprallschutzsysteme für den menschlichen Kopf zu finden.

Ivan R. Schwab: »Cure for a Headache«, British Journal of Ophthalmology, Vol. 86, 2002, S. 843
Philip R. A. May, Joaquin M. Fuster, Paul Newmann Ada Hirschman: »Woodpeckers and Head Injury«, Lancet, Vol. 307, No. 7957, 28. Februar 1976, S. 454 f.
Philip R. A. May, Joaquin M. Fuster, Paul Newman, Ada Hirschman: »Woodpeckers and Head Injury«, Lancet, Vol. 307, No. 7973, 19. Juni 1976, S. 1347 f.

1983 – Sexuell hörige Käfer

Wer sagt denn, dass man in der Biologie unbedingt neue Arten entdecken muss, um mit Preisen überhäuft zu werden? Die australischen Biologen Daryll Gwynne und David Rentz machten eine sensationelle Entdeckung an der Schnittstelle zwischen Natur und Zivilisation: Die Männchen einer bestimmten Prachtkäfer-Art (Julodimorpha bakewelli) wollten sich mit Bierflaschen paaren – allerdings nur mit braunen, welche in Farbe und Textur ihrer Oberfläche (ein Punktraster) den Weibchen ähneln. Schlimmer noch: Die armen Tiere wurden, überzeugt davon, auf ein überdimensionales Weibchen getroffen zu sein, sexuell hörig und versuchten so lange, mit der Flasche zu kopulieren, bis sie tot umfielen. Sie ahnen die Gefahren für die Tierwelt, die achtlos weggeworfene Flaschen bergen können! Einzelne Tiere ließen sich übrigens nicht einmal von angreifenden Ameisen von ihrem Vorhaben abbringen.

Späte Ehre für die Forscher: der Ig-Nobelpreis 2011 für Biologie.

> D. T. Gwynne, D. C. F. Rentz: »Beetles on the Bottle: Male Buprestids Mistake Stubbies for Females (Coleoptera)«, Journal of the Australian Entomological Society, Vol. 22, , No. 1, 1983, S. 79 f.

1990 – Elefanten, oberflächlich betrachtet

Es gibt Situationen, in denen nur fundiertes Wissen weiterhilft. Was zum Beispiel tun Sie, wenn Sie in die Hände der Thuggee, einer Art indischen Mafia, geraten und deren sadistischer Boss Sie kulturlosen Europäer mit Fragen nach indischem Grundwissen plagt? Warum heißt Bombay jetzt so schön mumpfig Mumbay? Wie viele Callcenter gibt es in Bengaluru? Wie groß ist die Oberfläche eines Indischen Elefanten mit 2,85 m Schulterhöhe?

Tja, jetzt wäre es nützlich, wenn Sie die Oberflächenformel für Indische Elefanten kennen würden! Bei einer gründlichen Reisevorbereitung hätten Sie sich vielleicht in die wissenschaftliche Arbeit von K. P. Sreekumar und G. Nirmalan von der Kerala Agricultural University in Indien eingelesen und dann wenigstens mit der Einschätzung der Gesamtoberfläche eines Indischen Elefanten dienen können. Die beiden indischen Forscher hatten nämlich 24 erwachsene Indische Elefanten (Elephas maximus indicus) beiderlei Geschlechts und verschiedenen Alters und verschiedener Gewichtsklassen untersucht. Woher man 24 erwachsene Indische Elefanten bekommt? In Indien ist das kein Problem, sie konnten über Elefanten der Forstbehörde von Kerala, die Tiere eines Zirkusunternehmens und weitere Tiere aus Tempelbesitz verfügen. Die Forscher entwickelten unterschiedliche mathematische Modelle, um die Größe der gesamten Oberfläche und die Ausdehnung einzelner Regionen in Annäherung zu bestimmen. Den besten Näherungswert für die Gesamtoberfläche (S) in Quadratmeter beider Geschlechter erhielten die Wissenschaftler, wenn sie die Höhe an den Schultern (H) in Metern und den Umfang des Vorderfußes (F) in Metern berücksichtigten. Die Formel lautet: $S = -8{,}245 + 6{,}807\,H + 7.073\,F$. Merken Sie sich das für das nächste Mal, wenn Sie es wieder mit den Thuggee zu tun bekommen!

Bleibt noch eine Frage offen: Wie groß ist sie denn nun, die Hautoberfläche eines Indischen Elefanten? Sie liegt zwischen 13,56 m² und 21,18 m² bei weiblichen Elefanten und zwischen 12,16 m² und 20,97 m² bei männlichen Tieren. Diese Werte erlauben es uns nun, genau die richtige Menge

Farbe zu kaufen, falls wir mal einen Indischen Elefanten rosa streichen wollen. Für einen afrikanischen nehmen Sie einfach ungefähr 35 Prozent mehr.

Verwunderlich ist übrigens, dass diese genialen Forscher den Ig-Nobelpreis für Mathematik erst 2002 erhielten – vermutlich brauchte die Welt zwölf Jahre, um die Tragweite ihrer Forschungen zu begreifen.

> K. P. Sreekumar, G. Nirmalan: »Estimation of the Total Surface Area in Indian Elephants (Elephas maximus indicus)«, Veterinary Research Communications, Vol. 14, No. 1, 1990, S. 5–17

1992 – Wal, vergammelt

Eine bedeutende Rolle in der Meeresökologie spielt nach Meinung vieler Forscher der dahingeschiedene Wal. Diese Meeressäuger sterben irgendwann und ihr toter Körper sinkt hinab auf den Meeresboden, zum Beispiel in die Tiefsee am Mittelatlantischen Rücken, oft aber auch in Küstennähe. Was geschieht dort mit ihnen?, fragen sicher auch Sie sich. Vergammeln Tausende tote Wale vor unseren Badestränden? Igitt! Da müsste doch jemand ... Müsste man sich nicht mal drum kümmern? Nein, zuerst müsste jemand herausfinden, wie lange es dauert, bis auch die letzten Spuren der riesigen Leichen verschwunden sind.

Daran arbeitete Dr. Craig Smith von der Universität von Hawaii, der bereits 1992 mit Unterstützung der US-Marine einen toten Wal in fast 2 000 m Meerestiefe versenken ließ – sechs weitere Kadaver folgten in den nächsten Jahren. Craig fand durch regelmäßige Begutachtung der toten Wale heraus, dass der Verwesungsprozess in mehreren Stufen abläuft:

Zunächst fressen größere Lebewesen wie etwa Haie und andere Fische das Fleisch und andere Weichteile des Kadavers. In Stufe 2 nutzen opportunistische Arten wie Krustentiere, Würmer, Schnecken und Muscheln die Anreicherung von organischen und mineralischen Stoffen am und rund um das Walskelett für ihr Wachstum. In Stufe 3 schließlich werden die in den Knochen enthaltenen wasserunlöslichen Substanzen in den Nahrungskreislauf zurückgeführt. Das kann länger als 50 Jahre dauern. Nach und nach geht so ein toter Wal dann in ein Stadium über, in dem er einem Korallenriff ähnelt. Aber auch das dauert seine Zeit ...

Craig Smith, Amy R. Baco: »Ecology of Whale Falls at the Deep-Sea Floor«, in: Oceanography and Marine Biology: an Annual Review 2003, 41, S. 311–354

1993 – Lustiges Schweinereiten

Mit Schweinen machen Menschen jede Menge Schweinereien. Eine davon ist es, sie als Reittiere zu missbrauchen, so aus Spaß. Warum aber interessieren sich Wissenschaftler nun für die gequälten Kreaturen und untersuchen ausgerechnet Spaß-Reitschweine? Ganz einfach: Wann und wo kommen Mensch und Tier schon mal so nah zusammen wie beim lustigen Schweinereiten?

Paul Williams jr. von der Oregon State Health Division und Kenneth W. Newel von der Liverpool School of Tropical Medicine, Großbritannien, waren vor allem den Übertragungswegen von Salmonellen auf den Menschen auf der Spur und stellten in ihrer bahnbrechenden Studie unter anderem fest, dass die Salmonellenausscheidung von Spaß-Reitschweinen von den Haltungsbedingungen abhängt. Das relaxte Schwein, wohnhaft mit seinesgleichen im gemütlichen Stall, hat ein funktionierendes Abwehrsystem und kann gefährlichen Erregern welcher Art auch immer Paroli bieten. Werden die armen Tiere jedoch psychischer Überbelastung zum Beispiel durch beengte Unterbringung ausgesetzt, so fördert dies das Bakterienwachstum im und auf dem jeweiligen Schwein enorm. Es gilt der Merksatz:

Stress konstant oder in Wellen
lässt die Zahl der Salmonellen
nach oben schnellen ...

Und wieder einmal muss hier die erstaunte Frage gestellt werden: Wer hätte das gedacht?

Leslie P. Williams jr., Kenneth W. Newell: »Salmonella Excretion in Joy-Riding Pigs«, in: American Journal of Public Health and the Nation's Health, Band 60, Nr. 5, Mai 1970, S. 926–929

1999 – Durchs Katzenauge gesehen

Wieder ein Horrorszenario, das Tierversuchsgegner auf die Palme bringen wird: Der Neurobiologe Dr. Yang Dan, tätig an der University of California in Berkeley, zwängte eine mit dem Muskelrelaxans Norcuron paralysierte Katze in ein Gestell, um ihren Blick auf einen Bildschirm zu fixieren. Das arme Tier, denken Sie? Doch es opferte sich, wenn auch nicht freiwillig, für einen bedeutenden Versuch: Elektroden im Gehirn der Katze lenkten die elektrischen Signale ihres Sehzentrums zu einem Computer, der daraus auf einem zweiten Bildschirm ein Bild rekonstruierte. Alles, was die Augen der gequälten Katze wahrnahmen, erschien dort analog in einer etwas unschärferen Abbildung. Sinn des Versuches: Es sollte nachgewiesen werden, dass man mit technischen Mitteln ins Gehirn eines Lebewesens eindringen und dort Informationen gewinnen kann, die sich weiterverarbeiten lassen. Im Falle optischer Informationen bieten sich eine Vielzahl von technischen und kommerziellen Möglichkeiten an, wenn sich diese Technik auf Menschen übertragen ließe. Nur eine einfache Hirnoperation, und *Action Cams* würden noch überflüssiger, als sie es ohnehin schon sind. Auch Digitalkamera und Handy blieben außen vor, die Bilder einer Urlaubsreise wanderten direkt vom Auge der Betrachter auf den Datenträger – vermutlich ein Bio-Chip in einer Zahnfleischtasche.

Die Ergebnisse von Dr. Yang Dans Forschung wurden im Jahr 2000 übrigens auch unter dem Titel »Dr. Yang Dan's Cat Scan« als Multimediainstallation im Argos Centrum voor Kunst en Media in Brüssel gezeigt. Die Resonanz: Kunst eben – angenehmes Gruseln, kein kritischer Kommentar. Wer mag, kann die Bilder aus dem Katzenhirn auch im Internet ansehen. In Verbindung mit dem Video auf YouTube finden sich allerdings nun doch einige kritische Anmerkungen über das Leiden der benutzten Katze.

Garrett B. Stanley, Fei F. Li, Yang Dan: »Reconstruction of Natural Scenes from Ensemble Responses in the Lateral Geniculate Nucleus«, Department of Molecular and Cell Biology, Division of Neurobiology, University of California, Berkeley, California

1998 – Muscheln, immer gut drauf

Stimmt es Sie traurig, wenn es Tieren schlecht geht? Peter Fong vom Gettysburg College muss es wohl so ergangen sein, als er über die tristen Lebensbedingungen einer Muschel namens Sphaerium striatinum nachdachte. Was sonst hätte ihn dazu gebracht, den Muscheln unter anderem jene Wirkstoffe zu verabreichen, die auch im Antidepressivum Prozac ihre Wirkung tun? Wie allerdings anschließend der emotionale Zustand der Muscheln bestimmt wurde, kann der Laie nur erahnen. Vielleicht in etwa so: »Na, Muschel, was geht?« – »Alles easy, Forscher, der Stoff haut rein!«

> Peter F. Fong, Peter T. Huminski, Lynette M. D'Urso: »Induction and Potentiation of Parturition in Fingernail Clams (Sphaerium striatinum) by Selective Serotonin Re-Uptake Inhibitors (SSRIs)«, Journal of Experimental Zoology, Vol. 280, 1998, S. 260–264

2001 – Bärenstarke Hilfe

Manche Forscher haben eine gewisse Vorliebe für die Hinterlassenschaften anderer Lebewesen, könnte man annehmen, wenn man die wissenschaftliche Arbeit von Fumiaki Taguchi, Song Guofu und Zhang Guanglei an der Kitasato University in Sagamihara, Japan, betrachtet. Den Forschern gelang es nämlich, die Masse von Küchenabfällen unter der Verwendung von Bakterien aus dem Kot von Großen Pandas um mehr als 90 Prozent zu reduzieren. Die Basis für die Forschungsidee dabei war wohl, dass der Große Panda jeden Tag Unmengen von Bambus verspeist, aber nur vergleichsweise kleine Häufchen absondert.

Also fischten die Wissenschaftler fünf besonders aktive Bakterienstämme aus der Pandakacke, kultivierten ausreichende Mengen davon und konfrontierten die verfressenen Mikroben mit 100 kg organischem Müll – dessen Volumen tatsächlich um bis zu 96 Prozent verkleinert wurde. Übrig blieben Wasser, Kohlendioxid und einige wenige feste Bestandteile. Leider setzte sich das Verfahren nicht durch, was man ja an der riesigen Biotonne vor der eigenen Haustür erkennen kann. Womöglich gruselt es manchen bei dem Gedanken, in der Mülltonne gierige Einzeller als Haustiere zu halten.

Fumiaki Taguchi, Song Guofu, Zhang Guanglei, Seibutsu-kogaku Kaishi: »Microbial Treatment of Kitchen Refuse With Enzyme-Producing Thermophilic Bacteria From Giant Panda Feces«, Vol. 79, No 12, 2001, S. 463–469

Fumiaki Taguchi, Song Guofu, Yasunori Sugai, Hiroyasu Kudo, Akira Koikeda: »Microbial Treatment of Food-Production Waste with Thermopile Enzyme-Producing Bacterial Flora from a Giant Panda«, Journal of the Japan Society of Waste Management Experts, Vol. 14, No. 2, 2003, S., 76–82

2001 – Nur gestylt in den Hühnerstall!

Die Anzahl der Versuchsteilnehmer betrug 20, doch unterschieden sie sich in gewisser Weise: Sechs davon hatten Federn und einen Schnabel, waren nämlich Hühner (Gallus gallus domesticus), während 14 der Gattung Mensch (Homo academicus) angehörten, es waren Studenten der Universität von Stockholm, Schweden. Allen Probanden wurden Bilder von unterschiedlich attraktiven Menschen gezeigt und ihre Reaktionen darauf wurden aufgezeichnet. Bei den Hühnern zeigte sich die positive Reaktion, indem sie besonders ausdauernd ihre Körner von den Fotos »schöner« Menschen pickten. Wieder einmal wurde so bewiesen, dass schönen Menschen einfach mehr Aufmerksamkeit zuteilwird, nicht nur von den Mitmenschen, sondern auch vom Geflügel.

Die Leitung dieses bedeutenden Experiments hatte der italienische Psychologe Stefano Ghirlanda, übrigens selbst ein recht hübscher Mensch, wie Hühner und Studenten bestätigen würden. Das Ergebnis der Studien seiner Forschungsgruppe an der Universität von Stockholm war noch in weiterer Hinsicht eindeutig: Hühner und Menschen teilen ein und dasselbe Schönheitsideal. Ob mit Schönheit konfrontierte Hühner auch mehr Eier legen oder die besseren Brathähnchen sind, wären zwar interessante Fragen, sie waren aber nicht Gegenstand der Studie, die natürlich auch mit dem Ig-Nobelpreis ausgezeichnet werden musste.

Stefano Ghirlanda, Liselotte Jansson, Magnus Enquist: »Chickens prefer beautiful humans«, Group for Interdisciplinary Cultural Research, Stockholm University, Zoology Institution, Stockholm University

2002 – Gut gewählt, Bello!

Auch angewandte Wissenschaft kann großartige Leistungen hervorbringen: So bündelten Keita Sato, der Präsident der Spielzeug herstellenden Takara Co., Matsumi Suzuki, Präsident des Japan Acoustic Lab, und Norio Kogure, Executive Director des Kogure Veterinary Hospital (alle drei aus Japan) ihre Kräfte und ihr Wissen, um eine bedeutende Lücke im Kommunikationsprozess zwischen den Arten zu schließen: Sie entwickelten BowLingual, eine computerbasierte Übersetzungshilfe für die Sprache des Hundes. Überlegen Sie doch mal: Wie oft kommt es zu Missverständnissen zwischen Menschen und Hunden? Wie oft liegt der Besitzer eines Kampfhundes falsch, wenn er die Geräusche seines Tieres mit »Der will doch nur spielen!« übersetzt? Wie oft missverstehen Hunde den örtlichen Postboten?

Der BowLingual Bark Translator erhielt nicht nur die Auszeichnung des *Time*-Magazins »Beste Erfindung des Jahres 2002«, sondern wurde auch mit dem Ig-Nobelpreis für Frieden ausgezeichnet. Zwar übersetzt er nicht wortwörtlich, was der Hund gerade sagt, er kann aber immerhin sechs Grundstimmungen des Tieres anhand seiner Lautäußerungen erkennen: glücklich, traurig, frustriert, wachsam, durchsetzungsfähig, bedürftig. Wer Glück hat, kann ein solches Gerät heute noch gebraucht im Internet kaufen. Preis: so um die 79 US-Dollar.

2003 – Drucksachen in der Antarktis

Fäkalien welcher Art auch immer und deren Verarbeitung scheinen Wissenschaftler geradezu magisch anzuziehen. Ein besonders exotisches Forschungsobjekt wählten Victor Benno Meyer-Rochow, tätig an der Jacobs University Bremen sowie der Universität Oulu (Finnland), und Jozsef Gal von der Loránd-Eötvös-Universität, Budapest (Ungarn): Pinguine und ihre Ausscheidungen. Die nämlich verlassen den Pinguin nicht auf gewöhnliche Weise wie etwa der Kuhfladen die Kuh oder die niedlichen Kaffeebohnen die Kaninchen, sondern im wahrsten Sinne des Wortes auf ein-drucks-volle Weise. Bevor ein Pinguin hinter sich lässt, was er nicht mehr braucht, muss sich in seinem Darm ein erheblicher Überdruck aufbauen, und genau den hat das Wissenschaftlerteam gemessen: Er liegt bei etwa einer halben Atmosphäre. Ob das etwas mit den arktischen Temperaturverhältnissen zu tun hat und ob der Pinguin sich ohne die Überdruckmethode vielleicht den A... abfrieren würde, geht aus der Studie nicht hervor. Ganz nebenbei erfährt man noch, dass der Durchmesser der Analöffnung beim Felsenpinguin 4,2 mm beträgt, beim Adeliepinguin 8 mm und beim Eselspinguin sogar 13,8 mm. Und – unentbehrliches Allgemeinwissen – die Viskosität von Pinguinkacke liegt irgendwo zwischen Glykol und Oliven-öl. Ach ja, da wäre noch ein neuer Forschungsauftrag: Es ist noch nicht ganz klar, wie die Pinguine die Richtung für ihre explosive Entleerung wählen – zufällig oder abhängig von der Richtung, aus welcher der Wind weht. Dies müsste auf einer weiteren Antarktisexpedition geklärt werden.

Victor Benno Meyer-Rochow, Jozsef Gal: »Pressures Produced When Penguins Pooh – Calculations on Avian Defaecation«, Polar Biology, Vol. 27, 2003, S. 56 ff.

2003 – Frösche unter Stress

Vielleicht gehören Sie zu den Liebhabern psychedelischer Drogen und haben schon einmal an einem Amphibium, zum Beispiel einer Aga-Kröte, geleckt. Das soll – glaubt man einschlägigen Quellen – zwar lebensgefährlich sein, aber auch zu lustigen Halluzinationen führen. Aber haben Sie schon einmal an einem Frosch gerochen, der unter Stress stand? Ach so, Sie haben noch nie an einem Frosch gerochen, ob mit oder ohne Stress? Da haben Sie aber etwas verpasst! Benjamin Smith und zahlreiche andere Wissenschaftler von Universitäten in Kanada und Australien haben offenbar mit wachsender Begeisterung an den Lurchen geschnuppert, und sie wurden dabei noch von einem Schweizer Parfümhersteller, einem Weinforschungsinstitut und einer französischen Chemiefirma unterstützt. Kaum zu glauben: Sie und ihre Versuchspersonen erschnüffelten die Stressgerüche von 131 Froscharten aus 30 Gattungen (14 australische und 16 andere) und elf Familien. Die Duftnoten lagen zwischen angenehm-floral zum Beispiel beim Katholikenfrosch und scharf-abstoßend beim australischen Laubfrosch Cyclorana alboguttata. Die Wissenschaftler waren sich nicht genau darüber im Klaren, zu welchem Zweck die Frösche diese Gerüche entwickelten, möglicherweise unter Verfolgungsstress, zur Abschreckung von Fressfeinden oder, erotisch animiert, um Liebespartner anzulocken. Dass aber ein Parfümhersteller mit von der Partie war, macht möglicherweise klar, wozu die Studie auf jeden Fall auch gut sein sollte: Vielleicht hoffte man, neue romantische Düfte für menschliche Nasen an unerwarteter Stelle zu finden ...

Benjamin P. C. Smith, Craig R. Williams, Michael J. Tyler, Brian D. Williams: »A Survey of Frog Odorous Secretions, Their Possible Functions and Phylogenetic Significance«, Applied Herpetology, Vol. 2, No. 1–2, 1. Februar 2004, S. 47–82

Benjamin P. C. Smith, Michael J. Tyler, Brian D. Williams, Yoji Hayasaka: »Chemical and Olfactory Characterization of Odorous Compounds and Their Precursors in the Parotoid Gland Secretion of the Green Tree Frog, Litoria caerulea«, Journal of Chemical Ecology, Vol. 29, No. 9. September 2003

2003 – Homosexuelle Nekrophilie bei Stockenten

Durch einen Zufall stieß Kees Moeliker vom naturgeschichtlichen Museum in Rotterdam auf ein ausgesprochen seltsames Verhalten bei Stockenten. Zwar war schon bekannt, dass übereifrige Männchen hin und wieder das Weibchen beim Liebesakt unter Wasser drücken und ertränken, doch schockten Moelikers Beobachtungen die Fachwelt auf völlig neue Weise: Als eine männliche Stockente gegen die Scheiben des Museums flog und tot herabfiel, stürzte sich kurz darauf ein anderer Enterich auf die Leiche seines Artgenossen und begann, sie zu begatten. Der »Liebesakt« dauerte 75 Minuten und Kees Moeliker hielt es für absolut angebracht, seine Beobachtungen im Fachmagazin des Museums als »homosexuelle Nekrophilie bei Stockenten« (so der Titel seines Aufsatzes) zu dokumentieren und sich selbst als ersten Beobachter dieses Verhaltens zu feiern. Er verfasste sogar ein Buch unter dem Titel »De eendenman« und erntete dafür nicht nur das Gelächter der Fachwelt, sondern auch einen Ig-Nobelpreis. Wir lernen daraus: Stockentenmännchen f... alles, was ungefähr wie eine Ente aussieht und nicht schnell genug auf die Bäume kommt. In dieser Hinsicht haben sie etwas mit männlichen Truthähnen gemeinsam, wir sprachen ja bereits darüber ...

Kees Moeliker: »Homoseksuele necrofilie bij de wilde eend«

G. W. Moeliker: »The first case of homosexual necrophilia in the mallard Anas platyrhynchos (Aves: Anatidae)«, Deinsea, Natuurhistorisch Museum Rotterdam 2001

Kees Moeliker: »De eendenman«, Amsterdam: Nieuw Amsterdam 2009

2007 – Fitte Hamster

Was plagt den Hamster des Oligarchen, der gerade im Privatjet von New York nach Paris flog? Schlaff und müde hängt er in der Ecke. Na logisch, das arme Tier hat Jetlag. Was kann man dagegen tun?, fragten sich Patricia Agostino, Santiago Plano und Diego Golombek an der Universität von Quilmes, Argentinien, und machten sich an die Forschungsarbeit. Eine Gruppe von Hamstern wurde auf einen Rhythmus mit 14 Stunden Tageslicht und zehn Nachtstunden eingestellt. Dann verpassten die Forscher einigen der Tiere eine Dosis von 70 Mikrogramm Sildenafil, auch bekannt unter dem Handelsnamen Viagra, und änderten den Tag-Nacht-Rhythmus massiv – sie ließen es sechs Stunden früher dunkel werden, für die nachtaktiven Tiere das Signal, im Laufrad loszulegen.

Doch die Hamster wollten nicht so recht, sagte ihnen doch ihre innere Uhr, dass es noch Tag sei und ein anständiger Hamster deshalb noch schlafen könne. Die unbehandelten Tiere brauchten zwölf Tage, bis ihr Rhythmus vollständig umgestellt war, die mit Viagra gedopten Artgenossen jedoch hatten es schon nach acht Tagen geschafft. Dieser Effekt hätte sich noch verstärken lassen, hätte man die beste wirksame Dosis zur Anwendung bringen können. Das war leider nicht besonders günstig, denn in diesem Falle trat eine zu erwartende Nebenwirkung auf: Die Hamster bekamen Erektionen – das muss niedlich ausgesehen haben.

Der erstaunliche Anti-Jetlag-Effekt von Viagra funktioniert allerdings nur in West-Ost-Richtung. Änderte man den Rhythmus der Hamster dahingehend, dass sie länger schlafen konnten und erst später ins Laufrad mussten, so half das Potenzmittel ganz und gar nicht.

Wer jetzt meint, die Versuche an Hamstern seien doch für die Katz, denke mal an Vielflieger und Schichtarbeiter –

wobei zu untersuchen wäre, ob sich eine sinnvolle Dosis zwischen Jetlagbekämpfung und sexueller Erregung finden lässt.

Patricia V. Agostino, Santiago A. Plano and Diego A. Golombek: »Sildenafil Accelerates Reentrainment of Circadian Rhythms After Advancing Light Schedules«, Proceedings of the National Academy of Sciences, Vol. 104, No. 23, 5. Juni 2007, S. 9834–9839

2008 – An ihrem Arsche sollt ihr sie erkennen!

Versuche an Tieren werden ja häufig unternommen, um das Ergebnis auf uns Menschen zu übertragen. Würde dies mit den Ergebnissen der Forschungen von Frans de Waal und Jennifer Pokorny geschehen, sähe unsere Welt vermutlich ganz anders aus – irgendwie unmittelbarer und nackter. Die beiden Forscher vom Yerkes National Primate Research Center, Emory University, Atlanta, USA, stellten sechs erwachsenen Schimpansen eine Aufgabe, auf die man erst einmal kommen muss: Sie setzten sie vor einen Computerbildschirm und zeigten ihnen Fotos der Hinterteile ihre Artgenossen, und zwar den anogenitalen Bereich. Jedem Foto mussten die armen Tiere dann das zugehörige Gesicht zuordnen – und erhielten eine Belohnung, wenn sie das richtige Gesicht gewählt hatten. Es zeigte sich, dass die Tiere die Mitglieder ihrer Gruppe mit relativ hoher Sicherheit auch an den Fotos ihrer Hinterteile erkannten. Ein derartig skurriler Forschungsansatz muss prämiert werden: Ig-Nobelpreis 2012 für Anatomie.

Ist ein solches Ergebnis auf den Menschen übertragbar? Sicher, denn wir haben uns evolutionär weiterentwickelt –

wir erkennen einen Affenarsch auch ohne dass jemand die Hose fallen lässt.

Frans B. M. de Waal, Jennifer J. Pokorny: »Faces and Behinds: Chimpanzee Sex Perception«, Advanced Science Letters, Vol. 1, 2008, S. 99–103

2008 – Wie hoch springt Ihr Floh?

Was tut man nicht alles, um einen verrückten Wissenschaftspreis zu bekommen? Marie-Christine Cadiergues, Christel Joubert und Michel Franc, tätig an der Ecole Nationale Veterinaire de Toulouse, Frankreich, hatten eine geniale Idee, die ihnen einen Nobelpreis sicherte – allerdings einen Ig-Nobelpreis. Sie untersuchten zwei Jahre lang – von 1998 bis 2000 – und wissenschaftlich exakt, ob denn nun Flöhe, die auf einem Hund leben, eventuell höher springen können als solche, die sich eine Katze als Domizil gewählt haben. Der offizielle Sinn des Experiments war es natürlich, Haustierhaltern ein besseres Wissen über die Parasiten ihre Lieblinge zu vermitteln. Wobei sich die Frage stellt: Wollen Hunde- beziehungsweise Katzenhalter die sportlichen Leistungen der Parasiten ihre Lieblinge kennenlernen oder die Mistviecher loswerden?

Der Wettbewerb auf nahezu mikroskopischer Ebene, nämlich zwischen Ctenocephalides felis, dem Katzenfloh, und Ctenocephalides canis, dem Hundefloh, begeisterte alle Kollegen, denn die Floh-Olympiade lief parallel zur menschlichen in Sidney, Australien. Irgendein Witzbold fragte nach, ob es möglich sei, Goldmedaillen klein genug für Flöhe herzustellen.

Hätten Sie's gedacht? Die Hundeflöhe siegten. Und das Forscherteam erhielt 2008 den Ig-Nobelpreis für seine enorme wissenschaftliche Leistung.

M. C. Cadiergues, C. Joubert, M. Franc: »A Comparison of Jump Performances of the Dog Flea, Ctenocephalides canis (Curtis, 1826) and the Cat Flea, Ctenocephalides felis felis (Bouché, 1835)«, Veterinary Parasitology, Vol. 92, No. 3, 1. October 2000, S. 239 ff.

2009 – Bauer, taufe deine Kuh!

Was tut der Bauer nicht alles für seine Kuh und deren Milchertrag? Gut, er gibt ihr Kraftfutter – aber ist das genug? Einer Studie der School of Agriculture, Food and Rural Development in Newcastle, Großbritannien, zufolge brauchen Kühe vor allem eines: die Zuwendung ihres zugehörigen Bauern. Sie danken es ihm mit mehr als 250 Liter Milch, wenn er sein Rindvieh etwas lieber hat. Die Leiterin der Studie Catherine Douglas rät in der Fachzeitschrift Anthrozoos dazu, jeder Kuh einen Namen zu geben, damit mehr Milch aus dem Euter fließt. Sie und Peter Rowlinson hatten Milchkühe mit einem Namen versehen und individuell behandelt, aber auch eine Vergleichsgruppe als Herde untersucht. Ergebnis: Die Kühe, denen die Forscher sozusagen die kalte Schulter zeigten, gaben zwar auch Milch, aber längst nicht so viel wie ihre wissenschaftlich fundiert geliebten Schwestern mit Namen wie Elsa, Laura oder Melina. Wer seinen Kühen also in etwa dieselben warmen Emotionen entgegenbringt wie dem eigenen Lebenspartner, stößt auch im Kuhstall auf Gegenliebe, und das kann sich durchaus nicht nur im freudigen Muhen und Schwanzwedeln, sondern eben auch im enorm gesteigerten Milchertrag niederschlagen. Das bewies auch eine Umfrage unter über 500 britischen Bauern, von denen fast die Hälfte alle ihre Kühe mit Namen kannten. Ob durch Kosen und Schmusen auch der Fettgehalt der Vollmilch gesteigert werden kann, wäre noch zu untersuchen.

Catherine Bertenshaw [Douglas] and Peter Rowlinson: »Exploring Stock Managers' Perceptions of the Human-Animal Relationship on Dairy Farms and an Association with Milk Production«, Anthrozoos, Vol. 22, No. 1. März 2009, S. 59–69

2010 – Flatterhafte Moral

Wussten Sie eigentlich schon, dass das Weibchen des Indischen Kurznasenflughundes (Cynopterus sphinx) dem Männchen häufig während des Liebesspiels den Penis leckt und dass die Dauer der Kopulation davon abhängt, wie lange das Weibchen dem Männchen auf diese Weise zu Diensten ist? Je länger sie es tut, desto länger dauert nämlich das Kleine-Flughunde-Machen insgesamt ... Wie, das wollten Sie eigentlich gar nicht wissen? Dann ist für Sie sicher auch nicht sonderlich interessant, dass Weibchen, die sich weigern ... Ja, schon klar, Sie haben den Indischen Kurznasenflughund und sein Liebesleben gerade nicht auf dem Schirm. Müssen Sie ja auch nicht, denn Libiao Zhang, Min Tan, Guangjian Zhu, Jianping Ye, Tiyu Hong, Shanyi Zhou und Shuyi Zhang aus China und Gareth Jones von der University of Bristol, Großbritannien, haben den Oralverkehr bei Fruchtfledermäusen, zu denen ja bekanntermaßen auch der Indische Kurznasenflughund zählt, in einer wissenschaftlichen Arbeit genauestens dokumentiert. Videos zum Thema sind übrigens im Internet zu finden. Neben einer Beschuldigung wegen sexueller Belästigung (ein an der Studie beteiligter Wissenschaftler hatte eine Niederschrift der Forschungsergebnisse an eine Kollegin weitergegeben) erntete das Fledermaus-Team noch den Ig-Nobelpreis 2010 für Biologie.

> Min Tan, Gareth Jones, Guangjian Zhu, Jianping Ye, Tiyu Hong, Shanyi Zhou, Shuyi Zhang, Libiao Zhang: »Fellatio by Fruit Bats Prolongs Copulation Time«, 2009, PLoS ONE, Vol. 4, No. 10, e7595

2011 – Alexandra gähnt

Gähnen ist beim Homo sapiens ansteckend, wie der Volksmund und sicherlich auch zahlreiche wissenschaftliche Studien belegen. Auch Schimpansen, Hunde und Ratten lassen sich von Artgenossen zum Gähnen motivieren. Wie aber verhält sich das bei der Köhlerschildkröte Geochelone carbonaria, einer in Südamerika lebenden Landschildkrötenart, die bis zu 50 cm lang und 20 kg schwer ist? Diese Frage blieb über Jahrhunderte unbeantwortet, jedenfalls bis Anna Wilkinson und Kollegen sich entschlossen, diesen Sachverhalt zu klären. Zunächst einmal brauchte Anna Wilkinson sechs Monate, um einer Schildkröte namens Alexandra das Gähnen auf Kommando beizubringen. Und das nur, um durch nachfolgende Experimente mit besagter Alexandra und anderen Schildkröten festzustellen: Nein, es gibt keine Hinweise darauf, dass Gähnen bei Köhlerschildkröten ansteckend wirkt.

2015 fanden übrigens Andrew Gallup von der State University of New York und eine Gruppe weiterer Forscher heraus, dass Wellensittiche (Melopsittacus undulatus) wiederum durchaus zu den Kollektivgähnern gehören und sich die Anzahl ihrer Gähnanfälle sogar verdreifacht, wenn sie Artgenossen gähnen sehen können. Mehr noch: Sogar Videoaufnahmen von gähnenden Wellensittichen führten zu einer Verdopplung der Gähnrate. Weitere Ergebnisse können erwartet werden, denn die Welt möchte sicher unbedingt wissen, ob auch Küchenschaben, Goldhamster, Schabrackentapire, Andenkondore, Seegurken und Pantoffeltierchen über die schöne Eigenschaft des sozialen Gähnens verfügen. Gähnen Sie schon?

Anna Wilkinson, Natalie Sebanz, Isabella Mandl, Ludwig Huber: »No Evidence Of Contagious Yawning in the Red-Footed Tortoise Geochelone carbonaria«, Current Zoology, Vol. 57, No. 4, 2011. S. 477–484
Andrew C. Gallup, Lexington Swartwood, Janine Militello, Serena Sackett: »Experimental evidence of contagious yawning in budgerigars (Melopsittacus undulatus)«, Animal Cognition, Mai 2015

2013 – Der magnetische Hund

Schlafen Sie auch immer mit dem Kopf nach Norden und den Füßen nach Süden? Richtig, es ist nicht gut, quer zu den Feldlinien des Erdmagnetfeldes zu nächtigen. Hunde wissen offenbar aber auch, dass es nicht gut ist, quer zu den magnetischen Feldlinien der Erde zu pinkeln beziehungsweise seine Würstchen zu verstreuen. Genau das fand ein wissenschaftliches Großteam aus der tschechischen Republik heraus (siehe Quellenangabe) – eine Erkenntnis, die zum Beispiel der desorientierte Wanderer ohne Karte und Kompass bei Nebel oder im Dauerregen für sich nutzen könnte. Merksatz: Norden ist immer dort, wohin der Hund pinkelt. Dafür gab es 2014 einen Ig-Nobelpreis für Biologie.

Vlastimil Hart, Petra Nováková, Erich Pascal Malkemper, Sabine Begall, Vladimír Hanzal, Miloš Ježek, Tomáš Kušta, Veronika Němcová, Jana Adámková, Kateřina Benediktová, Jaroslav Červený, Hynek Burda: »Dogs are sensitive to small variations of the Earth's magnetic field«, Frontiers in Zoology, 10:80, 27. Dezember 2013

Psychologie, Soziologie und Rauschgiftphilosophen

Sie sind ohnehin alle verrückt – da ist der Durchschnitts-mensch sich sicher, wenn es um Psychologen und Psy-chiater geht. Wenn sie nicht gerade damit beschäftigt sind, sich bei Sexualstudien zu vergnügen, um perverse Hypothesen zu beweisen, weisen sie ganz normale Psy-chopathen in Anstalten ein, werfen Trips oder Zauber-pilze ein, gründen Rauschgiftkommunen und schreiben Bücher darüber. Oder sie arbeiten mit Geheimdiensten zusammen und machen in deren Auftrag Menschen zu willenlosen Werkzeugen.

Die Soziologie kommt nicht besser weg: Soziologen ver-anstalten sinnlose Umfragen, kassieren riesige Summen an Fördergeldern, verscheuern ihre Daten an die Werbung und produzieren mit ihren Praktikantinnen und Prakti-kanten immer neue Soziologen, statt irgendetwas Sinn-volles zu erforschen. Stimmt das? Wenn man folgende Fälle betrachtet, könnte man das tatsächlich glauben ...

1882 – Der Ringelmann-Effekt

Was den französischen Agraringenieur Maximilian Ringelmann (1861–1931) schon 1882 auf die Idee brachte, nach der Effektivität von Teamarbeit zu forschen, vermag man nicht mehr genau zu sagen, denn seine Aufzeichnungen waren lange Zeit verschollen. Doch beschäftigte ihn dieses Thema über fünf Jahre und die Erkenntnisse, die er gewann, sicherten ihm einen Platz in der zeitlosen Ruhmeshalle der Wissenschaft: Maximilian Ringelmann stieß auf den Ringelmann-Effekt, der natürlich zunächst nicht seinen Namen trug, aber als das erste sozialpsychologische Forschungsergebnis der Geschichte angesehen werden kann, auch wenn der Ingenieur seine Ergebnisse erst 1913 publizierte.

Ringelmann untersuchte die Effizienz der Arbeit von Pferden, Zugochsen, Menschen und Maschinen und konnte dabei klar nachweisen, dass die Leistung des Einzelnen in der Gruppe geringer ist als die Leistung, die jedes einzelne Mitglied der Gruppe für sich allein erbringen würde. Somit stellt die Gruppenleistung nicht etwa die Summe der möglichen Einzelleistungen dar, sondern fällt deutlich geringer aus. Ringelmann erkannte, dass dabei zwei Ursachen eine Rolle spielen konnten: Koordinationsverlust und Motivationsverlust.

Der Koordinationsverlust erklärt sich von selbst – nicht alle Ruderer in einem Boot arbeiten immer perfekt synchron, im schlimmsten Falle behindern sie sich deutlich.

Den interessanteren Aspekt stellt der Motivationsverlust (Team = Toll, ein anderer macht's!) dar, den aller Wahrscheinlichkeit nach auch Ringelmann vermutet hatte. Er konstatierte aber als Ingenieur nur den messbaren Verlust an Leistung und stellte die entscheidenden Fragen nach den Gründen für diesen Effekt nicht: Warum strengen sich die einzelnen Individuen nur halb so stark an, wenn sieben Personen gemeinsam an einem Seil ziehen? Warum verstärkt sich dieser Effekt noch, wenn 14 Männer ihre ganze Kraft einsetzen sollten? Dass sehr viele Akteure Schwierigkeiten haben können, ihre Kräfte kontrolliert gemeinsam zum Einsatz zu bringen, erklärt sich von selbst. Warum aber schaltet der Einzelne auf Sparflamme, wenn er mit anderen gemeinsam arbeiten sollte? Ringelmann beantwortet diese brennende Frage nicht, auch nachfolgenden Forschern ist dies noch nicht gelungen und die Idee von der effektiven Teamarbeit geistert immer noch durch die Köpfe.

Ringelmann, M.: »Travail de l'homme«. In: Annales de l'Institut National Agronomique, 2e série, tome XII, 1913, S. 1–40

1900 – Der Entdecker des Labyrinths

Sind wir nicht alle die Ratten im Labyrinth eines verrückten Wissenschaftlers? Ohne den folgenden Forscher könnten wir uns diese Frage nicht stellen: Der Psychologe Willard Stanton Small (1870–1943) setzte erstmals Ratten in ein Labyrinth und erschuf damit den Prototyp eines wissenschaftlichen Versuchs. Small wollte mithilfe des Labyrinths Messungen über die Lernfähigkeit der Ratten anstellen. Das von Small verwendete Labyrinth war 1,80 m lang und 2,40 m breit, die Fläche war mit Sägemehl bestreut, die Wände aus Drahtgitter. Small schickte seine Versuchstiere jeden Abend paarweise in das Labyrinth, beobachtete ihr Verhalten und machte sich knappe, aber genaue Notizen über ihre Verhaltensweisen und Bewegungen. Schließlich ließ er sie die Nacht über im Irrgarten.

Andere Forscher kopierten die Vorgehensweise von Small. Im Jahr 1902 schickte A. J. Kinnaman Rhesusaffen in ein 17 m breites Labyrinth. Andere Forscher wählten Spatzen und andere Vogelarten als Probanden. Auf Dauer setzte sich aber die Ratte als Forschungsobjekt vor allem für Psychologen durch.

Der Irrgarten, den Willard S. Small verwendete, hatte übrigens ein reales Vorbild im Hampton Court Maze im Park des Hampton Court Palace aus dem 16. Jahrhundert. Diesen hatte Small auf Vorschlag seines Kollegen Edmund Sanford gewählt.

> Willard Stanton Small: »Experimental Study of the Mental Processes of the Rat«, American Journal of Psychology, 1900/1901

1907 – Die Seele fotografieren

Hippolyte Baraduc (1850–1909) war der französische Arzt und Parapsychologe, der die Seele fotografieren wollte und sogar glaubte, dass ihm dies gelungen sei. Das theoretische Modell hinter seinen irritierenden Handlungen ist die Vorstellung von der Existenz eines Acheiropoíetons, eines von Gott geschenkten Bildes, nicht von Menschenhand geschaffen. Dieser aus der Antike stammende Glaube bezog sich zwar auf bestimmte Ikonen und andere Kultbilder wie zum Beispiel das Schweißtuch der Veronika oder das Turiner Grabtuch, doch Hippolyte Baraduc hielt eine »spontane Ikonografie« der Psyche mithilfe fotografischer Mittel für möglich und nahm an, man könne die »Lichtschwingungen der Seele« auf einer fotografischen Platte aufzeichnen. Er betrieb also eine Art esoterische Fotografie.

Hippolyte Baraduc vermutete, dass im Augenblick des Todes eine Art Nebel den sterbenden Körper verlässt: die menschliche Seele. Er dokumentierte dies in Fotografien seiner gerade verstorbenen Frau, die tatsächlich in der rechten Bildhälfte drei nebelartige Objekte zeigen. Diese Objekte vereinigten sich wenige Minuten später zu einer einzigen leuchtenden Kugel und verschwanden nach Aussage des Fotografen langsam. Baraduc war sich sicher, eine menschliche Seele abgelichtet zu haben.

Um diese Bilder zu erhalten, hatte er seine fotografische Ausrüstung neben dem Krankenbett seiner Frau aufgebaut und auf deren Ableben gewartet. Während sie dahinschied beziehungsweise kurz danach drückte er mehrfach den Auslöser. Professionelle Fotografen, welche die Bilder prüften, waren allerdings der Ansicht, die Lichteffekte seien durch winzige Löcher an der Unterseite der Kamera entstanden, seien also nichts weiter als Streulichteffekte.

Ganz und gar abwegig waren Hippolyte Baraducs Versuche nicht, denn in diesen Jahren sensationeller Entdeckungen schien nichts unmöglich. Wo verlief die Grenze zwischen Magie und Wissenschaft? Niemand wusste es genau zu sagen. Röntgenstrahlen waren in der Lage, das menschliche Skelett abzubilden – warum sollte es nicht auch möglich sein, feinstoffliche Gebilde wie menschliche Gedanken zu fotografieren? Auch in dieser Hinsicht stellte der französische Parawissenschaftler mehr oder weniger – meist weniger – erfolgreiche Versuche an.

Hippolyte Baraduc: »L'âme humaine«, 1896
Hippolyte Baraduc: »Iconographie de la Force Vitale Cosmique Od«, 1896

1907 – Wie viel wiegt die Seele?

Ein Artikel in der *New York Times* vom 11. März 1907 machte die makaberen Forschungen von Duncan MacDougall (1866–1920), Arzt in Haverhill, Massachusetts, für die Öffentlichkeit zugänglich. Seine Hypothese: Die Seele hat ein messbares Gewicht. Um dies zu beweisen, versuchte er, das Gewicht von Menschen im Sterbeprozess möglichst präzise zu bestimmen – kein sehr pietätvoller Ansatz. MacDougall ermittelte das Gewicht der Seelensubstanz bei einer ersten Messung mit etwa einer dreiviertel Unze, ungefähr 21 g – ganz schön schwer für eine solche feinstoffliche Wesenheit.

MacDougalls Messinstrument war dabei ein mit einer Waage versehenes Bett, in das er Sterbende legen ließ, meist Tuberkulosepatienten, welche sich nur wenig bewegten. Durch die Patienten verursachte Erschütterungen hätten seine Messungen beeinflusst. Experimente mit anderen Patienten hatten widersprüchliche Ergebnisse erbracht, die MacDougall aber in seinem Sinne interpretierte. Nach heutigen wissenschaftlichen Standards würden sie im Rahmen einer Fehlertoleranz liegen und als unbrauchbar gelten. In seiner These von der wägbaren menschlichen Seele unternahm er auch verschiedene Versuche mit Hunden, die er auf besagtem Bett sterben ließ. Dass er zum Todeszeitpunkt der Tiere keinen Gewichtsunterschied messen konnte, brachte ihn allerdings nicht von seiner These ab. MacDougall vermutete, dies läge schlicht an der Tatsache, dass Tiere keine Seele besäßen. Klingt logisch.

> Duncan MacDougall, M. D. of Haverhill, Mass.: »Hypothesis Concerning Soul Substance Together with Experimental Evidence of The Existence of Such Substance«, American Medicine, April 1907

1917 – Liebesakte für die Wissenschaft

Erotik zu Forschungszwecken – welcher (männliche) Forscher könnte dazu schon Nein sagen, besonders dann, wenn die Assistentin nicht nur überaus intelligent, sondern auch noch ausgesprochen hübsch ist?

Ausschließlich im Dienste der Wissenschaft, versteht sich, näherte sich Professor Dr. John B. Watson, der damalige Präsident der American Psychological Association, seiner 20 Jahre jüngeren Studentin und Assistentin Rosalie Rayner in forschend-erotischer Absicht und vermutlich im Zusammenhang mit ihren gemeinsamen Untersuchungen zur Psychologie des Familienlebens. Er wollte durch seine »Untersuchungen« eine neue wissenschaftliche Sichtweise des menschlichen Aktes dokumentieren – so wird er vermutlich argumentiert haben.

Leider fand er mit seiner »Arbeit« wenig Verständnis bei seiner Ehefrau, welche sich nicht nur scheiden ließ, sondern auch alle im Zusammenhang mit dem wissenschaftlichen Akt gewonnenen Aufzeichnungen vernichtete. Auch die Leitung der Johns-Hopkins-Universität, Baltimore, sah Watsons Untersuchungen nicht im rechten Licht – seine akademische Karriere endete 1920 ebenso schlagartig wie seine Ehe. Watson zog daraufhin mit seiner neuen späteren Ehefrau – ja, er hat sie 1930 geheiratet – nach New York und übernahm eine Stelle in einer Werbeagentur.

Neben den eben beschriebenen wissenschaftlichen Leistungen beeindruckte John B. Watson die akademische Welt vor allem mit Erkenntnissen zur Kindererziehung. Einige seiner Kernthesen: Mutterliebe höchstens bis sieben Jahre, keine übermäßigen Liebkosungen, die behindern nur späteres Erfolgsstreben. Kinder nicht auf den Schoß nehmen, bis zum achten Monat müssen sie stubenrein sein. Anschnallen auf dem Klo, bis das große Geschäft erledigt ist, das Kind möglichst viel allein lassen ...

Watson hatte übrigens vier Kinder, eine Tochter und einen Sohn mit seiner ersten Frau Mary Ickes und zwei Söhne mit Rosalie Rayner. Zwei von ihnen begingen Selbstmord, die beiden anderen blieben ihr Leben lang von schweren gesundheitlichen Problemen geplagt.

John B. Watson, Rosalie Rayner: »Conditioned emotional reactions«. In: Journal of Experimental Psychology. 3, 1920, S.1–14
John B. Watson: »Psychological Care of Infant and Child«, New York: W. W. Norton Company, Inc., 1928

1924 – Los, Rübe ab!

Das Forschungsthema von Carney Landis (1897–1962), im Jahre 1924 Doktorand für Psychologie an der University of Minnesota, war eigentlich die menschliche Mimik. Der angehende Wissenschaftler wollte untersuchen, wie sich menschliche Gesichtsausdrücke und Gebärden in bestimmten Situationen verändern. Dazu versah er die Gesichter seiner Probanden mit einem System von Linien und setzte sie unterschiedlichen Reizen aus. Anfangs waren sie nur von geringer Intensität, die Versuchspersonen hörten Musik, lasen oder rochen an bestimmten chemischen Substanzen. In einer zweiten Stufe explodierten Feuerwerkskörper, man zeigte ihnen explizite Bilder, führte ihre Hände in einen Eimer voller schlammige Amphibien oder versetzte ihnen Stromstöße – jeweils nur zu dem Zweck, den jeweiligen Gesichtsausdruck fotografisch zu dokumentieren. In der letzten Stufe dann forderte Landis seine Versuchspersonen auf, eine Ratte mit einem Messer zu enthaupten – mit unterschiedlichen Folgen für den Gesichtsausdruck: von angewiderter Ablehnung, ungläubigem Staunen über irritiertes Lächeln bis hin zu Tränen. Und an dieser Stelle bekam das Experiment zum menschlichen Mienenspiel eine zweite, vermutlich nicht eingeplante Ebene: Wer von den Teilnehmern würde den Befehlen einer Person in Leitungsfunktion gehorchen, auch wenn es einem anderen Lebewesen schadet? Von den 20 Testpersonen folgten immerhin 15 der Anweisung des Forschers. Ob das die Forschungen über die menschliche Mimik weitergebracht hat, ist fraglich, allerdings begründete Carney Landis mit seinem etwas skurrilen Experiment die Gehorsamsforschung. Das hatte er zwar nicht beabsichtigt, ein schönes Ergebnis war es aber dennoch.

Landis, C.: »Studies of Emotional Reactions, II., General Behavior and Facial Expression«, Journal of Comparative Psychology, 1924, 4 (5): S. 447–509

1924 – Dr. Blatz und der Stuhl des Schreckens

Auf die Idee zu seinen Versuchen kam der Psychologe William Emet Blatz (1895–1964), als ihm während einer Vorlesung an der Universität von Chicago der Stuhl unter dem Hintern zusammenbrach. Der Sturz und die damit verbundenen Angstgefühle beeindruckten ihn derart stark, dass er sich zu einer Reihe von Experimenten entschloss.

Zunächst konstruierte er einen gepolsterten Stuhl, der mithilfe eines elektrischen Mechanismus nach hinten zusammenklappte. Gepolstert war diese trickreiche Sitzgelegenheit, um Verletzungen bei den Versuchspersonen zu verhindern. Blatz hatte an sich selbst erfahren, welche Emotionen ein solcher Sturz mit sich bringen konnte, und wollte diese näher erforschen.

Ohne ihnen Genaues über die Natur der Experimente zu verraten, gewann Blatz sieben männliche und elf weibliche Probanden für sein Vorhaben. Im Gegenteil: Statt sie zu informieren, führte er ihre Erwartungen in die Irre. Sie sollten nichts weiter tun, als für etwa 15 Minuten in einem bequemen Stuhl zu sitzen, während ihre Pulsrate gemessen würde. Dabei sollten ihnen die Augen verbunden werden, um unnötige optische Reize auszuschalten. Außerdem sollten ihre Arme und Beine am Stuhl befestigt werden, um die Verfälschungen der Messergebnisse durch unwillkürliche Bewegungen auszuschalten, wie Blatz sie bewusst fehlinformierte. Elektroden zur Messung der Herzfrequenz wurden zusätzlich angebracht, auch sollte die Leitfähigkeit der Haut während des Versuchs aufgezeichnet werden. Ein langweiliges Experiment also, glaubten die Versuchspersonen, zum Einschlafen langweilig ...

Ob Blatz eine Art sadistische Genugtuung empfand, als er die Versuchspersonen durch drei Sitzungen, bei denen absolut nichts geschah, in Sicherheit wiegte? Wir wissen es nicht. Jedenfalls klappte beim vierten Termin nach wenigen entspannten Minuten der Stuhl unter dem darin sitzenden Probanden zusammen. Die Reaktionen der Testpersonen fielen unterschiedlich aus und reichten von Überraschung und Schrecken bis zu Panik und Fluchtimpuls. Puls und Atmung waren beschleunigt – wer hätte das gedacht?

Blatz führte das Experiment in der Weise fort, dass er die Versuchspersonen über die Möglichkeit eines erneuten Sturzes informierte, sie aber im Unklaren ließ, wann dies geschehen würde. Die Tatsache, dass der Sturz nun erwartet war, reduzierte den Effekt, wobei sich Puls und Atmung dennoch beschleunigten – wer hätte das nun wieder vermutet?

Das Ergebnis dieser Versuche? Einige Veröffentlichungen in der Fachpresse und eine akademische Karriere als Kinderpsychologe. Wir lernen daraus: Es muss nicht immer von Nachteil sein, wenn etwas unter einem zusammenbricht.

William Blatz, »The cardiac respiratory and electrical phenomena involved in the emotion of fear«, Journal of Experimental Psychology. 8: S. 109–132
»Trick Chair Tests Fear Reactions«, The Science News-Letter 5, 6. September 1924

1931/1964 – Der Affe und das Kind

Mehrere Male haben Forscher versucht, vergleichend die Fähigkeiten von menschlichen Kindern und jungen Schimpansen wissenschaftlich zu untersuchen. Ziel dieser Versuche war unter anderen, den Einfluss von Natur und Kultur in der Entwicklung eines Lebewesens festzustellen.

Der Verhaltensforscher Winthrop Kellogg (1898–1972) zog 1931 seinen zehn Monate alten Sohn Donald zusammen mit einer sieben Monate alten Schimpansin namens Gua auf. Dabei dokumentierte er jegliche Lernfortschritte beider Probanden akribisch. Beide lernten zunächst dieselben Grundfertigkeiten, zum Beispiel das Essen mit einem Löffel oder die Benutzung eines Töpfchens. Anfangs entwickelte sich Gua schneller als Donald, dessen kognitive Fähigkeiten denen der Schimpansin unterlegen schienen. Auch war Gua dem menschlichen Kind im sinnvollen Einsatz von Werkzeugen deutlich voraus.

Sprechen allerdings wollte Gua nicht lernen, und sie übte nicht nur in dieser Hinsicht negativen Einfluss auf Donald aus. Auch dieser zeigte keine Anzeichen dafür, die menschliche Sprache erlernen zu wollen – er beherrschte nur drei Worte und ahmte ansonsten die Laute der Schimpansin nach, zum Beispiel ihren Futterruf. Kinder seines damaligen Alters sollten eigentlich schon in der Lage sein, einfache Sätze zu bilden. Auch der aufrechte Gang schien Donald nicht erstrebenswert, er bewegte sich lieber auf allen vieren wie seine »Schwester« Gua fort. Kellogg brach daher den Versuch aus Sorge um seinen Sohn nach neun Monaten ab, Gua lebte künftig wieder im Zoo. Sohn Donald zog es nach diesen frühkindlichen Erfahrungen keineswegs in den Dschungel; er holte die versäumten Entwicklungsschritte schnell nach, entwickelte sich völlig normal weiter und studierte später in Harvard Medizin.

Auf das Problem beim Erlernen der menschlichen Sprache stießen auch die Psychologin Keith und Catherine Hayes, beide tätig am Yerkes Primate Research Center in Orlando, Florida, in deren Haushalt Anfang der 1950er-Jahre sechs Jahre lang die Schimpansin Vicky lebte, allerdings ohne menschliche »Geschwister«. Gegen Ende des Sprachtrainings hatte Vicky nach Auskunft ihrer »Eltern« die Worte »Mama«, »Papa« und »cup« erlernt. Jedoch konnte niemand außer dem Ehepaar Hayes Vickys »Worte« verstehen.

1964 wiederholten und erweiterten der Psychoanalytiker Maurice Temerlin und seine Frau Jane Temerlin das Kellogg-Experiment aus den 1930er-Jahren. Kurz nach der Geburt der Schimpansin Lucy reiste Jane Temerlin zu einem Zirkus im Osten der Vereinigten Staaten, betäubte die Mutter des Affenkindes, entriss ihr das Affenbaby und brachte Lucy auf dem Luftwege nach Oklahoma, wo die Temerlins lebten. Es sollte bei dieser Variante des Versuchs darum gehen, einen jungen Menschenaffen von seinem ersten Lebenstag an wie einen Menschen zu erziehen.

Lucy wurde wie ein menschliches Kind behandelt, aß am Tisch mit Besteck, trug menschliche Kleidung, schaute sich

Zeitschriften an und wurde schließlich so bekannt, dass in der Zeitschrift *Life* über sie berichtet wurde. Sie zeigte erstaunlich menschliche Angewohnheiten, streichelte die Katze, konnte Tee kochen und fand Fotos in der Zeitschrift *Playgirl* sexuell erregend.

Doch Lucy wuchs heran und entwickelte plötzlich Eigenschaften, die ihre »Eltern« nicht erwartet hatten. Sie begann, wenn sie verärgert war, Gegenstände zu zerstören und hätte zur Gefahr für ihre Umgebung werden können, denn Schimpansen sind erstaunlich stark. Ob die Entscheidung, welche Jane und Maurice Temerlin dann trafen, die richtige war, ist schwer zu beurteilen, denn eigentlich hatten sie bereits einen grundlegenden schweren Fehler begangen, als sie Lucy ihrer natürlichen Mutter entrissen. Die zwölf Jahre alte Lucy wurde ins Chimpanzee Rehabilitation Project (CRP), ein Rehabilitationszentrum für Schimpansen im Niokolo-Koba National Park im Senegal gebracht, und nach zehn Jahren Aufenthalt dort wurde sie im River Gambia National Park in Gambia »in die Freiheit entlassen«. Was für eine Freiheit? Ein Jahr später wurde das enthauptete Skelett von Lucy gefunden. Vermutlich war sie ohne Scheu auf Wilderer, ihre Mörder, zugegangen – schließlich kannte sie Menschen ja gut aus ihrem Leben als Hausaffe.

Kellogg, W. N.: »Humanizing the ape«, 1931, Psychological Review, 38 (2), S. 160

Catherine Hayes: »The Ape in Our House«, New York: Harper, 1951

K. J. Hayes, C. Hayes: »Imitation in a home-raised chimpanzee«, 1952, Journal of Comparative and Physiological Psychology, 45, S. 450–459

Maurice K. Temerlin: »Lucy: Growing Up Human – A Chimpanzee Daughter in a Psychotherapist's Family«, Science & Behavior Books, Januar 1976

1933 – Der maskierte Kitzelprofessor

Es erinnert ein wenig an die Versuche des Friedrich II. Barbarossa, der herausfinden wollte, welche Sprache ein Kind spricht, wenn es isoliert und ohne soziale Einflüsse aufwächst. Der Psychologe Clarence Leuba (1899–1985) wollte 1933 durch ein Experiment feststellen, ob das menschliche Lachen Teil des Sozialisationsprozesses ist, somit also anerzogen, oder ob Menschen auch ohne entsprechende Erziehung reflexartig lachen, wenn sie gekitzelt werden. Dazu machte er sein eigenes Haus zum Labor und seinen neugeborenen Sohn zur Versuchsperson. Um zwischenmenschliche Einflüsse und Beeinflussungen durch den eigenen Gesichtsausdruck zu unterbinden, trug Papa Leuba stets eine Gesichtsmaske, wenn er sich dem Baby näherte. Außerdem herrschte im gesamten Haushalt striktes Lachverbot, das Mrs Leuba nur ein einziges Mal durch einen spontanen Lachanfall, begleitet von dem Ausruf »Bouncy, bouncy!« beim Baden ihres Sohnes unterbrach.

Nach drei Jahren Kitzeln und weiteren Versuchen mit einem zweiten Kind der Familie, einer Tochter, verkündete der Forscher sein Ergebnis: Lachen ist nicht anerzogen, sondern eine unmittelbare Reaktion auf den Reiz durch Kitzeln. Ein weiteres großartiges Ergebnis von Clarence Leuba: Besonders effektiv kitzelt man ein Kind am Rippenbogen oder unter den Armen. Wer hätte das gedacht?

Erstaunlicherweise finden sich keine Berichte über eine Ehekrise oder eine Trennung der Familie Leuba oder auch nur über kritische Äußerungen von Mrs Leuba über die Benutzung ihrer Kinder als Versuchskaninchen. Offenbar ertrug sie die ganze kuriose, über Monate dauernde Prozedur mit erstaunlichem Gleichmut.

Leuba, C.: »Tickling and laughter: two genetic studies«, Journal of Genetic Psychology, (1941) 58, 201–209

1934 – Macht Bildung Menschen zu Kommunisten?

Man weiß das ja: Höhere Bildung und vor allem ein Universitätsstudium machen im Handumdrehen aus ganz gewöhnlichen Menschen Anarchisten, Revoluzzer und Kommunisten. Besonders in den bewegten 1930er-Jahren in den USA sorgten sich in dieser Hinsicht viele Eltern um ihren Nachwuchs. Die Wirtschaftskrise war in vollem Gang, auf den Straßen marschierten aufsässige Demonstranten, die das Ende des Kapitalismus propagierten. Soll ich meine unschuldige Tochter tatsächlich auf ein College schicken und damit die Gefahr einer Revoluzzer-Karriere heraufbeschwören? Besonders für Mädchen erschien dieser Weg in die Brutstätte des Kommunismus gefährlich und zugleich unnötig, wurde in diesen Tagen doch nicht unbedingt allzu viel Bildung von einer Frau erwartet. Einige wenige Mädchen sollten das Privileg genießen, aber mussten es alle sein, dräute doch die soziale Entgleisung?

1934 machte der Psychologe Stephen M. Corey (1904–1984) diese elterlichen Ängste zum Forschungsgegenstand. Hatten diese Befürchtungen einen realen Hintergrund oder waren sie übertrieben?

Corey nutzte die von Louis Leon Thurstone (1887–1955) schon 1928 entwickelte Thurstone Attitude Scale, um die Einstellung von 234 College-Neueinsteigerinnen zu messen. Dabei untersuchte er ihre Einstellungen zu sechs unterschiedlichen Bereichen, frei als Fragen formuliert: Gibt es Gott wirklich? Wie stehst du zur Kirche? Wie ist deine Einstellung zum Krieg? Was hältst du von Patriotismus? Siehst du den Kommunismus als Gefahr? Wie stehst du zur Evolution? Ein Jahr später wiederholte er diese Untersuchung an 100 der Versuchspersonen.

Deren Einstellungen hatten sich nur unwesentlich geändert, aber diese Veränderungen hatten eine eindeutig liberalere Ausrichtung. Die Kirche als Institution, Gott, der Patriotismus und Krieg verloren an Sympathie, der Kommunismus und die wissenschaftliche Theorie der Evolution gewannen an Zustimmung, allerdings nur minimal. Auffällig war, dass mit hoher Intelligenz getestete Versuchspersonen geringere Veränderungen zeigten als solche mit einem niedrigeren IQ. Corey interpretierte die Veränderungen als weitgehend unerheblich: Es war also relativ sicher, seine Tochter zum College oder zur Universität zu schicken. Auch bestand am College offenbar keine Gefahr für die weiblichen Qualitäten – Studentinnen schminkten und kleideten sich besser und waren eloquenter als ihre »ungebildeten« Geschlechtsgenossinnen. Das *Nevada State Journal* berichtete 1940 über Coreys Untersuchung und fassten das Ergebnis in folgendem Satz zusammen: »College girls prefer cupid darts to communism, psychologist says.« – »College-Mädchen ziehen Amors Pfeile dem Kommunismus vor, sagt der Psychologe.« Ob diese Aussage nun allerdings Eltern beruhigen kann …

Corey, S. M.: »Changes in the opinions of female students after one year at university«, The Journal of Social Psychology, (1940) 11: S. 341–351

1942 – Die Schlaf-Beschwörung

Quasi im Schlaf wollte der Psychologe Lawrence LeShan (*1920) im Sommer 1942 mehreren Jungen im Ferienlager eine schlechte Angewohnheit abgewöhnen: das Nägelkauen.

Allerdings wollte er bei dieser Gelegenheit auch gleich noch die Effektivität des Lernens im Schlaf beweisen. Während sich seine Patienten in ihren Betten den gesunden Nachtschlaf gönnten, spielte ihnen LeShan mithilfe eines Phonographen immer wieder dasselbe Mantra vor: »Meine Nägel schmecken furchtbar bitter!« – 45 Tage lang, jede Nacht rund 300-mal (in einer anderen Quelle waren es 54 Tage). Allerdings ging das Gerät nach einiger Zeit zu Bruch, und um das Experiment nicht zu gefährden, flüsterte LeShan von nun an selbst jede Nacht hellwach denselben Satz. Mit einem Teilerfolg: Immerhin 40 Prozent der Jungen hatten am Ende des Aufenthalts die schlechte Angewohnheit abgelegt.

Ein schlagendes Argument für das Lernen im Schlaf? 1956 zeigte ein Experiment am Santa Monica College, durchgeführt von William Emmons und Charles Simon, dass Lawrence LeShans Ergebnis wohl nicht stichhaltig war. Bei dem neuerlichen Versuch wurde ein Elektroenzephalograf benutzt, um sicherzustellen, dass die Versuchspersonen tatsächlich eingeschlafen waren. Unter diesen Bedingungen erreichten sie die nächtens dargebotene Lerninformationen nicht. Sie verschliefen sozusagen das Lernen im Schlaf. LeShans Jungen wurden vermutlich selbst im Halbschlaf mit dem unsäglichen Satz penetriert: »My finger-nails taste terribly bitter.«

Lawrence LeShan, »The Breaking of a Habit by Suggestion during Sleep«, Journal of Abnormal and Social Psychology. 37, 1942, S. 406 ff.
William H. Emmons, Charles W. Simons, The Rand Corporation: »The Non-Recall of Material presented during Sleep«, The American Journal of Psychology, Vol. 69, No. 1, März 1956

1951 – Dollars for nothing …

Auf den ersten Blick sah es so aus, als wolle der kanadische Psychologe Donald O. Hebb (1904–1985) von der McGill University in Montreal 1951 seine Forschungsgelder mit vollen Händen aus dem Fenster werfen – für nichts und wieder nichts. Er bot nämlich Studenten an, ihnen am Tag 20 Dollar zu zahlen – für reines Nichtstun. Ein Lehrer verdiente damals in den USA etwa 235 Dollar pro Monat, ein Fahrrad kostete 45 Dollar. Es meldeten sich etliche Versuchspersonen, doch keine blieb länger als ein paar Tage bei der Stange, keine einzige erreichte eine Woche. Hebb hatte ursprünglich eine Versuchsdauer von sechs Wochen geplant.

Das Nichtstun entpuppte sich als Zwang: Die Probanden wurden sensorisch quasi vollständig isoliert. Ihre Arme steckten in Röhren aus Pappe, an den Händen trugen sie Fäustlinge. Brillen reduzierten ihre Sehkraft auf Helligkeitsunterschiede und Umrisse. So eingeschränkt, mussten sie ihre Zeit in einem kleinen, nach außen schallisolierten Raum auf einer Liege verbringen. Über Lautsprecher wurde *White Noise*, ein neutrales Rauschen eingespielt, um akustische Wahrnehmungen zu überlagern. Die einzige Abwechslung aus dieser wissenschaftlichen Isolationshölle stellten gelegentliche Gänge zur Toilette und Essenspausen dar.

Viele der Versuchspersonen versuchten der vollständigen Untätigkeit durch gesteigerte Tätigkeit in ihrem Kopf zu entkommen, zum Beispiel vorbereitende Überlegungen zu einer schriftlichen Arbeit anzustellen. Doch das gelang nicht, weil ihre Gehirne zunehmend die Funktion verweigerten. In relativ kurzer Zeit stellten sich bei vielen Probanden lebhafte Halluzinationen ein. Eine Versuchsperson sah Hunde, eine andere nur Brillen, wieder andere Tiere oder einfach nur Farben und Muster. Hinzu kamen akustische und haptische Illusionen. Eine Musicbox spielte, ein Sonnenuntergang über einer Kirche wurde gleich von einem ganzen Chor begleitet. Ein Proband wurde von einem winzigen Raumschiff beschossen und fühlte die Einschläge der Projektile an seinen Armen.

Aller Wahrscheinlichkeit nach wussten die Versuchspersonen nicht, dass sie Teil einer Versuchsreihe zum Thema Gehirnwäsche waren. Finanziert wurden Hebbs diesbezügliche Studien vom Canadian Defence Research Board, einer Organisation, die neue Technologien für die kanadischen Streitkräfte erforscht.

Hebb, D. O.: »The Organization of Behavior: A Neuropsychological Theory«, New York: Wiley and Sons, 1949

1954 – John Lilly und der Floating-Tank

Bekannt in der Welt der Wissenschaft wurde der amerikanische Neurophysiologie John C. Lilly (1915–2001), tätig am National Institute of Mental Health (NIMH) in Bethesda, Maryland, zunächst durch seine Untersuchungen zur Sprache der Delfine. Bereits Mitte der 1950er-Jahre begann er, sich mit dem Thema der sensorischen Deprivation zu befassen und zu untersuchen, was mit dem menschlichen Bewusstsein geschieht, wenn ihm die Sinnesreize entzogen werden. Bei seinen Versuchen mit dem sogenannten Floating Tank, einem mit Salzwasser gefüllten Behälter, in dem ein Mensch völlig abgeschlossen von der Außenwelt quasi schwerelos an der Wasseroberfläche treiben kann, widerlegte er die Vermutungen von Psychologen seiner Zeit: Lilly beobachtete im Selbstversuch, dass es zu einem angenehmen

Zustand der Tiefenentspannung irgendwo zwischen Wachen und Schlafen kam und nicht, wie von seinen Kollegen befürchtet, zu Geisteskrankheiten. Lilly sprach von veränderten Bewusstseinszuständen. Auch körperlich wirkte sich das Floating nach Lillys Erfahrungen günstig aus, zum Beispiel durch Entspannung der Muskeln.

Es waren die veränderten Bewusstseinszustände, die John C. Lilly faszinierten. Er unternahm in den Folgejahren auch Versuche mit LSD, Ketamin und anderen Drogen und erwarb mit seinen weiteren Arbeiten eher Aufmerksamkeit in der New-Age-Szene als Anerkennung in der Welt der Wissenschaft. Die Aussicht auf veränderte Bewusstseinszustände machte das Entspannungsverfahren für die New-Age-Bewegung durchaus interessant und Lillys Erfindung als »Samadhi-Tank« attraktiv; der erste kommerzielle Tank datiert auf das Jahr 1977. Zuvor wurden Floating Tanks nur wissenschaftlich für Untersuchungen im Bereich der Schmerzmedizin, der Orthopädie und in der Verhaltensforschung genutzt.

Floating wird heute über die bereits genannten medizinischen Indikationen hinaus als entspannende Behandlung bei Personen mit Burn-out-Symptomen, gegen Stress, in der Dermatologie und bei sportmedizinischen Anwendungen genutzt. Etwas paradox ist allerdings der häufig praktizierte Gebrauch im Wellnessbereich: Der dort zumeist übliche Einsatz von Licht und Musik läuft der eigentlichen Idee von der Reduktion der Sinnesreize völlig entgegen.

John C. Lilly: »Das tiefe Selbst«, Sphinx 1988

1959 – Treffen sich drei Erlöser …

Es klingt wie der Anfang eines guten Witzes: Was mag einen Psychologen dazu bringen, drei seiner Patienten, die sich alle für Jesus halten, sozusagen als weiße Mäuse gemeinsam in dasselbe Labyrinth zu sperren? Dass der Psychologe Milton Rokeach (1918–1988) sich des hohen Unterhaltungswertes seines Experimentes bewusst war, kann man ihm nicht unterstellen, aber es ist dennoch nicht weiter verwunderlich, dass die von ihm gewählte Konstellation zum Stoff für ein Drehbuch, ein Theaterstück und zwei Opern wurde. Möglicherweise trieb ihn die Überlegung an, dass die Konfrontation mit den anderen Patienten bei einem oder mehreren von ihnen eine heilende Einsicht zur Folge haben würde.

Bei den Patienten handelte es sich um drei Männer im Alter von 38, 58, und 70 Jahren, jeder von ihnen war fest überzeugt, Gott oder Gottes Sohn zu sein – dank der Dreifaltigkeit Gottes ist das ja ein und dasselbe. Milton Rokeach beobachtete diese Patienten über zwei Jahre in einer psychiatrischen Klinik in Ypsilanti, Michigan, wo sich die drei Söhne Gottes nicht nur regelmäßig über den Weg liefen, sondern im selben Zimmer lebten und ihre Mahlzeiten gemeinsam einnahmen. Gesprächskreise und Therapiegruppen garantierten Unterhaltung im Stile von Big Brother und Newtopia. Oft erklärte der eine Jesus die jeweils anderen zu Betrügern und Schwindlern oder bezeichnete sie – ohne jeden Zweifel am eigenen Geisteszustand und der eigenen Identität – als nichts weiter als Irre, die in eine Anstalt gehörten. Dann wieder hielt der eine den anderen für einen von Maschinen gesteuerten Roboter. Später kam es auch zu Prügeleien, unter anderem aus Streit über das Thema, ob Adam von weißer oder schwarzer Hautfarbe gewesen sei.

Auch nach zwei Jahren des Zusammenlebens – vom ersten Zusammentreffen am 1. Juli 1959 bis zum Ende des Experiments am 15. August 1961 – waren alle drei noch davon überzeugt, die jeweils einzig wahre göttliche Inkarnation zu sein. Ihre Einstellung hatte sich in keiner Weise geändert. Milton Rokeach äußerte später selbst Zweifel an seinem spektakulären Experiment, das er im Nachhinein für unethisch und manipulativ hielt – was es, objektiv betrachtet, vermutlich auch war.

Milton Rokeach: »The Three Christs of Ypsilanti«, Knopf, 1964

1960 – LSD als Sterbehilfe

Der Schriftsteller Aldous Huxley war der Meinung, dass man das Ende des Lebens bei vollem Bewusstsein und nicht durch sedierende oder betäubende Medikamente gedämpft erleben sollte. Er selbst hielt sich an diese Maxime, denn als er 1963 den Krebstod erwartete, ließ er sich von seiner Frau kein Sedativum oder Schmerzmittel, sondern 100 Mikrogramm der bewusstseinserweiternden Droge LSD verabreichten, welche die Wahrnehmung noch intensivieren sollte. Laura Huxley dokumentierte ihre bewegenden Erfahrungen in dem Buch *This Timeless Moment*.

Ob Dr. Eric Kast (1916–1988) vom Mount Sinai Hospital von Aldous Huxley und seiner Art, den Tod zu erleben, gehört hatte, ist nicht dokumentiert. Vermutlich testete der Arzt Anfang der 1960er-Jahre verschiedene Drogen in ihrer Wirkung auf Schmerzpatienten und stieß dabei auch auf LSD. Er wählte 80 moribunde Patienten als Testpersonen, deren Lebenserwartung nur noch Wochen oder Monate betrug, und verabreichte ihnen eine Dosis von 100 Mikrogramm Lysergsäurediethylamid – LSD. Seine Patienten fanden die Erfahrung mit der psychedelischen Droge angenehm, ein hoher Prozentsatz regte eine Wiederholung des Experimentes an. Besonders auffällig war, dass LSD offenbar die Einstellung der Schwerkranken zu ihren Schmerzen veränderte – sie litten nicht mehr so stark darunter. In seiner Wirkung war LSD sogar hochwirksamen Schmerzmitteln wie Dilaudid und Demerol überlegen. Auch die Ansichten der Patienten zur Schwere ihrer Krankheit und zu Leben und Tod im Allgemeinen veränderten sich, sie sahen sich und ihr Sterben gelassener.

> Eric Kast: »Toward a Theory of Attenuation of Anxiety«, Monografie
> Laura Huxley: »This Timeless Moment«, 1969: Celestial Arts; New Edition, Dezember 2000

1961 – Das Böse in uns

Hier das Gewissen, dort der Vorgesetzte und sein Befehl: Der amerikanische Psychologe Stanley Milgram (1933–1984) machte es sich zur Aufgabe zu erforschen, wie Menschen auf autoritäre Direktiven reagieren, die sie in Entscheidungsnot bringen: Höre ich auf mein Gewissen oder führe ich einen mir gegebenen Befehl aus, ohne nachzufragen?

Der Versuchsaufbau könnte aus einem Horrorfilm stammen: Den Probanden wurde gesagt, dass sie an einem Experiment über die Auswirkung von Bestrafungen auf die Lernfähigkeit teilnehmen sollten. Ihnen wurde suggeriert, sie seien die Lehrer und hätten die Aufgabe, andere Testpersonen – die Schüler – zu bestrafen, wenn diese eine ihnen aufgetragene Aufgabe (Wortpaare lernen) nicht korrekt bewältigten. Zur Strafe sollten sie den »Schülern« Elektroschocks verpassen. Lehrer und Schüler befanden sich in unterschiedlichen Räumen und konnten einander nicht sehen. Zur Bestrafung hatte jeder Versuchsteilnehmer eine Schalttafel vor sich, mit deren Hilfe Schocks in unterschiedlicher Intensität erteilt werden konnten – vom »leichten Schock« bis »Gefahr! Bedrohlicher Schock« und schließlich die höchste Stufe, die nur mit »xxx« gekennzeichnet war.

Wiederholten sich bei den Schülern Fehler, so wurde die Spannung jeweils um 15 Volt erhöht. Doch das ganze Szenario war nur Theater – die Schüler antworteten bewusst falsch, sie erhielten auch keine Stromschläge, sondern spielten deren Effekt nur vor, so wie vorher abgesprochen. Zu jeder gewählten Spannung erhielten die Versuchspersonen die richtige Reaktion von ihren Schülern – über Stöhnen, mehr oder weniger dramatische Schreie in verschiedener Intensität bis hin zu Stille beim Höchstwert von 450 Volt. Die Testperson musste annehmen, ihren Schüler zumindest in die Bewusstlosigkeit befördert zu haben. Bekam die Testperson Skrupel und wollte sie den Versuch abbrechen, so reagierte der Versuchsleiter mit der nachdrücklichen Aufforderung weiterzumachen. Das Resultat des Experiments zeugte nicht gerade von ausgeprägtem zivilen Ungehorsam. Bei den ersten Versuchen weigerten sich nur etwa 35 Prozent, den Test bis zum Ende durchzuführen, 65 Prozent gehorchten aufs Wort und waren bereit, ihre Testpersonen systematisch zu misshandeln und auch die möglicherweise lebensgefährlichen 450 Volt zum Einsatz zu bringen.

Immerhin zeigte sich, dass die räumliche Nähe zwischen »Lehrer« und »Schüler« Einfluss auf die Gehorsamsverweigerung hatte. Als Milgram in weiteren Versuchen die Distanz zwischen Lehrern und Schülern variierte, nahm die Gehorsamsverweigerung bei den Lehrern im gleichen Maße zu, wie die Entfernung abnahm. Saßen sich Lehrer und Schüler im selben Raum gegenüber, waren nur noch 40 Prozent gehorsam, konnten sie einander berühren, so erteilten nur noch 30 Prozent der Lehrer starke Elektroschocks.

 Stanley Milgram: »Obedience to Authority. An Experimental View«, Harper, New York 1974

1962 – Der Mann im Gletscher

Geht Ihnen Ihr Wecker auch auf den Wecker? Passt dieses morgendliche Folterinstrument so ganz und gar nicht in Ihren persönlichen Rhythmus? Ähnliche Probleme haben womöglich den damals 22-jährigen Geologen und Höhlenforscher Michel Siffre (*1939) zu einem Isolationsexperiment veranlasst. Nein, er wollte nicht wissen, wie sich ein Leben ohne Wecker anfühlt, sondern etwas über seinen persönlichen und unser aller Wach-und-Schlaf-Rhythmus herausfinden.

Ort des Geschehens: Eine Gletscherhöhle im Massiv von Marguareis an der französisch-italienischen Grenze, in 130 m Tiefe bei 3 °C.

Ausrüstung: Zelt, Ersatzkleidung, Gaskocher, Batterien, Feldbett, Schlafsack, Ersatzkleider, Lebensmittel und gegen die Langeweile Plattenspieler (!) und Bücher.

Ziel des Versuchs: etliche Tage ohne Uhr leben, um den natürlichen Rhythmus eines Menschen zu ermitteln.

Als Siffre am 16. Juli 1962 in die Höhle stieg, ahnte er vermutlich schon, dass ihm Tage voller Eintönigkeit, Kälte und Depressionen bevorstanden. Auch die Kälte hatte er vermutlich einkalkuliert. Hinzu kamen – unerwartet – Rückenschmerzen. Am 14. September 1962 sah er das Tageslicht wieder und wunderte sich darüber, dass er nicht, wie er dachte, 33 Tage, sondern volle 58 Tage in stiller Abgeschiedenheit unter der Erde verbracht hatte. Ergebnis der freiwilligen Isolationsfolter: Michel Siffres Tagesrhythmus belief sich auf präzise 24,5 Stunden.

1972 weitete Michel Siffre sein Experiment auf mehr als sechs Monate aus, genauer gesagt 205 Tage, die er in einer Höhle im texanischen Del Rio 30 m unter der Erde verbrachte, diesmal bei gemütlichen 25 °C und im Auftrag der NASA. Er sollte die Ergebnisse anderer Forscher bestätigen, die einen 48-Stunden-Rhythmus für Astronauten für möglich hielten – auf 36 Stunden durchgehender Aktivität sollten 12 bis 14 Stunden Schlaf folgen – hin und wieder Realität für Raumfahrer unter bestimmten Aufgabenstellungen. Nachher soll Michel Siffre gesagt haben: »Körperlich war es nicht anstrengend, aber psychisch war es die Hölle.« Vermutlich war es eine Kombination aus Reizmangel und absoluter Einsamkeit, die ihn zu diesem Urteil brachte.

Sind zwei derartige Erfahrungen nicht völlig ausreichend? Nicht für Michel Siffre: 1999 unterzog er sich – mittlerweile 60 Jahre alt – ein weiteres Mal den Strapazen der Isolation, diesmal für 69 Tage.

> Michel Siffre: »Hors du temps. L'expérience du 16 juillet 1962 au fond du gouffre de Scarasson par celui qui l'a vécue«, Julliard, 1963

1962 – Elefantöse Psychosen

Dieses aufsehenerregende Experiment stieß auf große Presseresonanz und findet sich in zahlreichen Buchpublikationen wieder. Die zugehörige »wissenschaftliche« Frage lautet:

Kann LSD bei Elefanten eine Psychose auslösen? Eine ungeheuer wichtige Fragestellung, wie man vielleicht anmerken muss, denn wie oft steht man im Alltag vor der Entscheidung: Spiele ich jetzt bisschen mit meinem Elefanten und wie kann ich dazu LSD benutzen?

Das Versuchsobjekt war Tusko, ein männlicher indischer Elefant im Zoo von Oklahoma City. Forscher von der Universität Oklahoma injizierten ihm 297 Mikrogramm LSD, mehr als die 3000-fache Menge eines menschlichen Trips, die größte je bei einem Lebewesen verwendete Dosis. Was geschah daraufhin? Das Tier verlor die motorische Kontrolle, brach fünf Minuten später zusammen, nach weiteren 100 Minuten war Tusko tot. Zwar versuchten seine Peiniger sofort, ihn wiederzubeleben, doch trugen diese Anstrengungen wahrscheinlich eher noch zu seinem Ableben bei.

Was wollten die Forscher mit diesem Versuch nun wirklich erreichen? Ihre fadenscheinige Begründung: Männliche Elefanten erleiden einmal im Jahr eine Art Psychose, die durch einen Testosteronschub verursacht ist, Musth genannt, eine Art Elefanten-Brunft. Dabei reagieren sie besonders aggressiv; außerdem sondern sie an ihren Schläfendrüsen eine klebrige Flüssigkeit ab. Die genialen Forscher folgerten im Rückschluss: Wenn man einem Elefanten LSD gibt und an seinen Schläfendrüsen erscheint besagte klebrige Flüssigkeit, so löst LSD eine Psychose aus. Das Ergebnis ist dann zwar nicht auf Menschen übertragbar, aber was soll's? Auch die maßlos überhöhte Dosis der psychoaktiven Substanz lässt vermuten, dass es sich eher um eine spätpubertäre Aktion gehandelt haben könnte: Ey, cool, ein Elefant auf LSD, das müssen wir unbedingt austesten! Und danach checken wir mal, wie Krokodile auf Crystal Meth reagieren ...

Nicht genug damit: Der Psychopharmakologe Ronald Siegel von der University of California wiederholte den Versuch an zwei weiteren Elefanten, mit dem Unterschied, dass er dieselbe hohe Dosis LSD nicht in den Blutkreislauf spritzte, sondern den Tieren die Droge über das Trinkwasser verabreichte. Die Dickhäuter zeigten keinerlei Schäden oder Krankheitserscheinungen, sondern nur die Anzeichen eines wohl ziemlich gewaltigen Trips: Sie machten merkwürdige Bewegungen und produzierten Geräusche, die man niemals von einem Elefanten vermutet hätte. Sie erholten sich aber vollständig und waren nach wenigen Stunden wieder ganz normale Elefanten. Die gewonnenen Erkenntnisse: Spritze niemals LSD, denn das tut dem Grautier weh. Und sonst? Vielleicht weiß der Elefantengott Ganesha mehr.

> Louis Jolyon West, Chester M. Pierce, Warren D. Thomas: »Lysergic Acid Diethylamide: Its Effects on a Male Asiatic Elephant«, Science Magazine, 7. Dezember 1962, S. 1100 ff.

1962 – High oder heilig?

Ist Gott nichts weiter als eine Halluzination im Drogenrausch? So oder ähnlich muss die Fragestellung des Psychiaters und Theologen Walter Pahnke (1931–1971) gewesen sein, als er Anfang der 1960er-Jahre – er war damals noch Student – die Droge Psilocybin in die Kirche, nämlich in die kleine Kapelle der Harvard University, trug. 20 Studenten der Andover Newton Theological School in Massachusetts dienten als Versuchspersonen, die eine Hälfte der Gruppe erhielt die Droge in Pillen- und keineswegs in Hostienform gereicht, die andere Hälfte der Versuchsteilnehmer bekam ein Placebo. In einer methodisch sauberen Doppelblindstudie wollte Pahnke herausfinden, ob die Rauscherlebnisse unter

Psilocybin mit religiösen Erfahrungen ohne Droge vergleichbar sind und ob diese Erfahrung seine Testpersonen veränderte. Eingebunden war das Experiment in das Harvard-Psylocybin-Projekt des Psychologen Timothy Leary von der Harvard-Universität, Drogen-Guru der Hippie-Bewegung.

Es geschah am 20. April 1962, Karfreitag: Bei einem zweieinhalbstündigen Gottesdienst in der Marsh Chapel der Universität von Posten sangen, beteten und meditierten die Gläubigen und erreichten auf die eine oder andere Weise ihr religiöses Nirwana – mit oder ohne Droge. Diejenigen mit Psilocybin dürften es einfacher gehabt haben. Sie berichteten von Gefühlen der Einheit und Transzendenz, genossen Empfindungen der Freude, der Liebe und der Heiligkeit und fühlten sich umgeben von einem allumfassenden Frieden. Mancher Gläubige ohne chemischen Turbo wird sie beneidet haben. Außerdem erfuhr mancher Proband der Drogenfraktion tief greifende und vor allem anhaltende Veränderungen seines Bewusstseins. Und Pahnke glaubte allen Ernstes, er könne nun endlich »mystische Erlebnisse wissenschaftlich im Labor reproduzieren und untersuchen«. Bewiesen hatte er eigentlich nur, dass Psilocybin in der Kirche ziemlich reinhaut und dass Hostien und Weihwasser allein da nicht annähernd rankommen.

Pahnke, Walter N.: »Drugs and Mysticism: An Analysis of the Relationship between Psychedelic Drugs and the Mystical Consciousness. A thesis presented to the Committee on Higher Degrees in History and Philosophy of Religion«, Harvard University, Juni 1963

1968 – Wenn Normale verrückt spielen

Wie genau funktioniert die Diagnostik in der Psychiatrie? Das fragte sich nicht nur mancher zwangsweise Eingewiesene, sondern auch der Psychologe David Rosenhan (1929–2012), der 1968 in einem gewagten Selbstversuch klären wollte, wie genau die Abgrenzung zwischen *normal* und *irre* von professionellen Psychologen und Psychiater getroffen werden kann. Rosenhan und acht weitere Versuchspersonen, drei Frauen und fünf Männer, alle bis dato geistig völlig gesund und ohne irgendwelche Symptome, ließen sich zwischen 1968 und 1972 in unterschiedliche psychiatrische Kliniken einweisen. An zwölf Orten sollte getestet werden, wie gut die Psychiatrie funktionierte. Alle »Patienten« trugen ihren behandelnden Ärzten denselben Symptomkatalog vor, den David Rosenhan zuvor erarbeitet hatte – ihre Krankheitserscheinungen ließen sich nicht eindeutig einer bestimmten Erkrankung zuordnen: Sie erklärten, dass sie Stimmen hörten, die immer die Worte »empty«, »hollow« und »thud« sagten.

Einmal eingewiesen, sollten die Testpersonen sich in der Klinik völlig normal verhalten und ihre eigene Entlassung anstreben. Die erstaunliche wissenschaftliche Fragestellung war demnach: Wie komme ich hier wieder raus? Obwohl die »Patienten« über keinerlei Beschwerden klagten und keine als psychische Erkrankung deutbaren Symptome mehr zeigten, erkannte sie das Klinikpersonal nicht als gesund an – wohl aber etliche der echten Patienten. Es wurden ihnen über 2 100 Tabletten verordnet, die sie natürlich nicht schluckten, sondern irgendwie verschwinden ließen. Der Katalog der verabreichten Medikamente war groß, erstaunlicherweise erhielten fast alle unterschiedliche Wirkstoffe für ein und dasselbe Krankheitsbild. David Rosenhan brauchte in einem

Fall 52 Tage, um entlassen zu werden, die anderen Testpersonen schafften es in durchschnittlich 19 Tagen. Einmal als psychisch krank eingeordnet, wurden sie von Psychiatern, Schwestern und Pflegern vollkommen anders wahrgenommen, teilweise ignoriert oder eben wie »arme Irre« behandelt. Interessanterweise wurden sie nicht als geheilt entlassen, sondern als symptomfrei. Die Diagnose lautete häufig »Schizophrenie in Remission« – eine Einschätzung, die sie für ihr weiteres Leben als Geisteskranke gebrandmarkt hätte.

Besonders bedrückend: Es gelang David Rosenhan, die Verunsicherung noch auf die Spitze zu treiben. Als Mitarbeiter eines bestimmten Krankenhauses erklärten, bei ihnen könne so etwas nicht geschehen, kündigte Rosenhan an, er würde ihnen in den kommenden drei Monaten einige Pseudopatienten schicken, dann würde man ja sehen. Das Personal der Klinik entdeckte daraufhin unter den 193 echten Patienten angeblich 42 von Rosenhan geschickte Pseudopatienten – tatsächlich war kein einziger gekommen.

David L. Rosenhan: »On Being Sane in Insane Places«, in: Science. Vol. 179, Nr. 4070, 1973, S. 250–258, doi:10.1126/science

1970 – Pseudoakademischer Blödsinn

Wie bereits berichtet, sind Psychiater und Psychologen nicht in der Lage, normale und psychisch kranke Menschen sicher zu unterscheiden. Und wie sieht es mit Experten aus? Kann die Fachwelt denn nun wenigstens Blender erkennen?

Falls Sie meinen, dass ein Wissenschaftler einen anderen identifizieren und einen Scharlatan enttarnen kann, dürfte Sie dieses Experiment wohl ein wenig verunsichern ...

Myron L. Fox, vorgestellt als Experte auf dem Gebiet der Anwendung der Mathematik auf das menschliche Verhalten, hielt im Rahmen des Weiterbildungsprogramms der University of Southern California School of Medicine einen Vortrag vor einem Publikum aus der Fachwelt zum Thema: »Mathematical Game Theory as Applied to Physician Education« – »Die Anwendung der mathematischen Spieltheorie in der Ausbildung von Ärzten«. Dr. Fox war eine beeindruckende Erscheinung mit gepflegtem Äußeren und nicht ohne Charisma. Die Zuschauer folgten gebannt seinem gekonnten Vortrag. Nur: Myron L. Fox hatte nicht die geringste Ahnung von Spieltheorie oder Mathematik und war alles andere als ein Experte, sondern ein (vermutlich recht guter) Schauspieler. Die Inhalte, die er vortrug, stammten zwar aus einem Fachartikel über die Spieltheorie, waren aber von ihm und den Wissenschaftlern im Hintergrund zu einem merkwürdigen pseudowissenschaftlichen Brei verarbeitet worden. Die Aussagen in seinem Vortrag widersprachen sich, er benutzte nicht existente Fachbegriffe und stellte vermeintliche Verbindungen zu anderen wissenschaftlichen Veröffentlichungen her.

Die Fäden der Marionette Myron L. Fox zogen Donald H. Naftulin (University of Southern California School of Medicine), John E. Ware (Southern Illinois University School of Medicine) und Frank A. Donnelly (USC Division of Continuing Education in Psychiatry), die mit dem sogenannten Dr.-Fox-Experiment gleich mehreren, unter anderem auch wissenschaftlichen Fragen nachgehen wollten: Fallen auch wissenschaftlich geschulte Zuhörer auf so einen Betrug herein? Wie sinnvoll ist ein solches universitäres Weiterbildungsprogramm? Welchen Einfluss hat die Person des Referenten auf den Inhalt eines Vortrags?

Immerhin gelang es Myron L. Fox durch seine gekonnte Darstellung der Person eines Referenten und dessen Vortragskunst perfekt, gleich einer ganzen Gruppe von Experten einen großen Haufen Blödsinn nahezubringen. Das Auditorium lauschte seinen Worten während des gesamten einstündigen Vortrags und stellte in der nachfolgenden Diskussion Fragen zu dessen Inhalt, die er ganz im System seiner Darbietung beantwortete: in der Form gekonnt, aber mit nichtssagenden Floskeln.

Nachher gaben die Teilnehmer in einem Beurteilungsbogen an, von Fox' Vortrag zum Denken angeregt worden zu sein, und lobten die Art und Weise, in der er das Material aufbereitet hatte. Auch nachdem man sie über den Schwindel aufgeklärt hatte und sie wussten, dass Myron L. Fox kein Experte, sondern ein Schauspieler war, zeigten einzelne Teilnehmer noch Interesse am Thema und fragten nach weiterführender Literatur.

Naftulin, D. H., Ware, J. E. & Donnelly, F. A.: »The Doctor Fox Lecture: A Paradigm of Educational Seduction«, 1973, Journal of Medical Education, 48, S. 630–635

1970 – Schwule heilen?

Die Psychologen James Olds (1922–1976) und Peter M. Milner (*1919) hatten 1954 Versuche zur Intracranialen Selbststimulation (ICSS) bei Ratten ausgeführt. Die Versuchstiere konnten durch Betätigung eines Hebels eine ihnen zuvor eingesetzte Elektrode in einem bestimmten Hirnareal aktivieren und sich so durch Selbstreizung ein starkes Glücksgefühl verschaffen – so stark, dass die Ratten es dem Fressen und dem Sex vorzogen. Einmal bekannt geworden mit dieser positiven Stimulation, überquerten die Ratten sogar ein unter Strom stehendes Metallgitter, um an den Hebel und die durch ihn verursachte Ekstase zu gelangen. Einzelne Tiere betätigten den Hebel bis zu 2000-mal in einer einzigen Stunde.

1970 fragte sich Robert Heath von der Tulane University, New Orleans, ob man die Erkenntnisse von Olds und Milner nicht nutzen können, um Homosexuelle in Kontakt mit der »normalen« Sexualität zu bringen und sie am besten dabei auch gleich »umzudrehen«: Durch gezielte und wiederholte Stimulation des Glückszentrums sollten Versuchspersonen für die heterosexuelle Sexualität »zurückgewonnen« werden.

Nach ersten Stimulationen unter Aufsicht äußerte die Versuchsperson B-19 ansteigende sexuelle Erregung. Als man ihn in die Lage versetzte, sich besagte Glücksgefühle per Knopfdruck selbst zu verschaffen, reagierte er wie zuvor die Ratten von Olds und Milner: B-19 betätigte den Hebel bis zu 1500-mal in der Stunde, die Apparatur musste abgeschaltet werden. Heath entschied sich nun, in einer letzten Stufe des Versuchs den Erfolg seiner »Behandlung« zu überprüfen, und zwar mithilfe einer weiblichen Person, nämlich einer zu diesem Zweck gedungenen Prostituierten. Hatte sein homosexuelles Versuchskaninchen nun Lust auf »normalen« Sex? Nach einstündiger Inaktivität im Versuchsraum übernahm schließlich die Dame die Initiative und tat, wofür sie bezahlt wurde. Heath wertete das heterosexuell betrachtet nun erfolgreiche Experiment als positives Ergebnis seiner Bemühungen. B-19 soll später jedoch wieder Kontakt zur Szene der homosexuellen Prostitution gehabt haben, aber es wird auch über eine Affäre mit einer verheirateten Frau berichtet. Ein schönes Resultat eines aufwendigen Forschungsprojektes – Heath sah fürderhin von weiteren Versuchen in dieser Richtung ab.

Olds, J., P. Milner: »Positive reinforcement produced by electrical stimulation of septal area and other regions of rat brain«, J. Comp. Physiol. Psychol. 47, 1954

Charles E. Moan, Robert G. Heath: »Septal stimulation for the initiation of heterosexual behavior in a homosexual male«, Journal of Behavior Therapy and Experimental Psychiatry, Volume 3, Issue 1, März 1972, S. 23–26, IN1, S. 27–30

1971 – Gefangene und Aufseher

Wie verhalten sich Menschen in Gefangenschaft? 1971 unternahmen die Psychologen Philip Zimbardo, Craig Haney und Curtis Banks von der Stanford University, Kalifornien, das Stanford-Prison-Experiment, das zu den Klassikern der psychologischen Experimente zählt und zugleich auch überraschende Ergebnisse über Autorität und Gehorsam hervorbrachte.

Sie schickten 24 freiwillige Studenten ins Gefängnis – nicht in ein echtes, sondern in Zellen, die man auf dem Universitätsgelände eigens für den Versuch eingerichtet hatte. Die eine Hälfte der Versuchspersonen wurde zu Gefangenen bestimmt und von echten Polizisten »verhaftet«, die andere agierte als Aufseher, ausgestattet mit Uniformen, Gummiknüppeln und Sonnenbrillen. Die Gefangenen wurden entlaust, erhielten eine schwere Fußkette und mussten als Gefängniskleidung ein Krankenhaushemd ohne Unterwäsche und einen Nylonstrumpf über dem Kopf tragen. Die Aufseher durften sie nur mit den Nummern ansprechen, die sie an der Kleidung trugen. Aufgabe der Wärter war es, Ruhe und Ordnung im Gefängnis sicherzustellen. Dazu durften sie eigenverantwortlich Regeln aufstellen und sämtliche nötigen Maßnahmen ergreifen, sie erhielten also eine beachtliche Machtposition.

Schon nach kurzer Zeit gingen die Versuchspersonen völlig in ihren Rollen auf. Die Gefangenen rebellierten bereits am

Morgen des zweiten Tages gegen die Wärter, die den Aufstand mit Feuerlöschern niederschlugen. Um ihre Macht zu demonstrieren, schikanierten die Aufseher daraufhin die Gefangenen. Sie mussten ihre Kleidung abgeben, ihre Betten wurden aus den Zellen entfernt. Sie quälten sie mit nächtlichen Weckaktionen und erzwungenen Leibesübungen und griffen zu immer perfideren Methoden, um – wie sie meinten – die Ordnung im Gefängnis aufrechtzuerhalten. So verweigerten sie den Gefangenen zum Beispiel den Gang zur Toilette, die improvisierten Zellen hatten keine Toiletten, sodass die Häftlinge ihre Notdurft in Eimern verrichteten mussten. Außerdem zerschlugen sie eine Gruppenbildung unter den Gefangenen durch die unterschiedliche Behandlung Einzelner. Besonders fügsame Gefangene wurden in privilegierten Zellen untergebracht, erhielten ihre Kleidung zurück und durften wieder in Betten schlafen. Auch bekamen sie Essen, während die anderen Häftlinge hungern mussten. Statt solidarischem Verhalten zeigten die Gefangenen danach Unterwürfigkeit und bespitzelten sich gegenseitig. Nach nur sechs Tagen musste das Experiment beendet werden, weil einige der Wärter sadistische Regungen gezeigt hatten und die Versuchsleiter Misshandlungsversuche unterbinden mussten. Auch entwickelten sich bei vielen der Gefangenen psychologische Beschwerden. Und: Die Versuchsleiter bemerkten an sich selbst, dass sie ihre Objektivität zu verlieren begangen. Sie waren in den Sog der Ereignisse geraten, statt einfach nur zu beobachten.

Craig Haney, Curtis Banks, Philip G. Zimbardo: »Interpersonal Dynamics in a Simulated Prison«, in: International Journal of Criminology and Penology 1 (1973), S. 69–97

1972 – Shock the Puppy

Quasi elektrisiert von Stanley Milgrams Gehorsamkeitsexperiment – Sie erinnern sich? Sogenannte Lehrer verpassten unwilligen Schülern Elektroschocks! –, begannen Forscher in den nachfolgenden Jahren Untersuchungen, um dessen Ergebnisse zu bestätigen oder infrage zu stellen. So fragten sich Charles Sheridan (University of Missouri) und Richard King (University of California, Berkeley), ob die Testpersonen nicht möglicherweise das Milgram-Experiment durchschaut und bemerkt hatten, dass die Schreie der mit Elektroschocks »bestraften« Opfer nicht echt waren und nur deshalb einfach weiter mitgespielt hatten. Auskunft über die tatsächlichen Zusammenhänge konnte nur ein Experiment geben, in dem das Opfer die Elektroschocks tatsächlich erhielt und die Schmerzenslaute echt waren. Versuche mit Menschen verboten sich von selbst, also musste wieder einmal ein Tier unter dem menschlichen Wissensdurst leiden. In diesem Fall war es ein junger Hund. Versuchspersonen waren Studenten eines Bachelor-Kurses, und ihr Opfer, der Hund, musste zwischen einem blinkenden und einem stetig leuchtenden Licht unterscheiden, indem er einen bestimmten Platz einnahm. Auf Fehler des Tieres sollten die Probanden wie in Milgrams Experiment mit sich steigernden Elektroschocks reagieren, die der Hund tatsächlich erhielt. Das Tier bellte zunächst, reagierte mit erschreckten Bewegungen und begann mit zunehmender Intensität der Stromstöße jämmerlich zu heulen.

Die Versuchspersonen reagierten keineswegs gelassen. Sie waren von den Folgen ihrer Handlungen geschockt und erschrocken, litten wie ihr Opfer, traten unruhig von einem Fuß auf den anderen, versuchten dem Hund bei der Lösung seiner Aufgabe zu helfen, indem sie ihm die richtige Position zeigten, verabreichten ihm aber weiterhin den Elektroschock, wenn das Tier falsch handelte. Einige Testpersonen begannen im Verlauf des Versuches hemmungslos zu weinen. Aber 20 der 26 Versuchspersonen drückten immer wieder den Knopf, der dem Hund Schmerzen zufügte, und zwar bis zur höchsten Spannung. Nur sechs männliche Studenten weigerten sich im Laufe des Experiments weiterzumachen. Alle 13 Versuchsteilnehmerinnen gehorchten und brachten die Sache zu Ende. Immerhin: Je höher der ausgelöste Schock ausfallen würde, desto zögerlicher und weniger lang betätigten die Versuchspersonen den Schalter. Anders als von Sheridan und King erwartet, bestätigte dies die Ergebnisse des Experiments von Milgram weitgehend.

Sheridan, C. L., R. G. King: »Obedience to Authority with an Authentic Victim«, 1972, Proceedings of the Annual Convention of the American Psychological Association 80: S. 165 f.

1976 – Sozialer Stress am Pissoir

Die Idee kam Dennis Middlemist von der Colorado State University beim Pinkeln: Er beobachtete, dass es nicht mehr so gut lief, sobald sich jemand an das Pissoir neben dem seinen stellte. Heureka!, dachte sich Middlemist vermutlich, da habe ich ja die ideale Situation, um die Bedeutung des persönlichen Raumes für jeden Einzelnen zu testen! Der persönliche Raum ist der Bereich, den jeder Mensch für sich beansprucht, und normalerweise stellt jeder seinen persönlichen Raum wieder her, wenn jemand in diesen eindringt, indem er zurückweicht oder einen anderen Ort aufsucht. Nur: Auf dem Klo geht das nicht. Folglich beeinflusst der soziale

Stress Blase und Schließmuskel. Und schon war ein wissenschaftlich exaktes Experiment geboren, das Middlemist mit seinen Studenten durchführen konnte.

Ort des Geschehens waren drei Pissoirs, mit deren Hilfe unterschiedliche Situationen hergestellt werden konnten. Entweder sorgte man dafür, dass die Versuchspersonen dicht nebeneinander stehen mussten, indem man eines der äußeren Becken als defekt erklärte. Oder man sorgte für mehr Distanz, indem das mittlere Becken wegen Reparaturarbeiten geschlossen wurde. Mit einer Art Fernrohr beobachtete der Versuchsleiter die auftreffenden Strahlen, Stoppuhren hielten alle bedeutenden Eckdaten fest: Beginn der Zeremonie – der erste Tropfen – der letzte Tropfen ...

Das Ergebnis: In Gesellschaft dauert es fast doppelt so lange, bis man(n) mit dem Wasserlassen beginnt. Dafür ist der sozial gestresste Pinkler erheblich schneller fertig – eine Erkenntnis, welche die Zukunft der Menschheit noch über Jahrhunderte beeinflussen wird. Ein Glück, dass sie unter Beteiligung von drei Universitäten – Oklahoma State University, Ohio State University und University of Wisconsin/ Green Bay – gewonnen werden konnte. Versuche über das Pinkelverhalten von Frauen in benachbarten Kabinen stehen noch aus. Vermutlich läuft es bei den Damen flüssiger ...

Middlemist, Knowles, Matter: »Personal Space Invasions in the Lavatory – Suggestive Evidence for Arousal«, Journal of Personality and Social Psychology 1976, Vol. 33 , No. 5, S. 541–546

1978 – Willste ficken?

Eine ähnlich bedeutende Fragestellung untersuchten der Psychologe Russell Clark, Professor an der Florida State University unter Mitwirkung von Elaine Hatfield, Professorin für Psychologie an der University of Hawaii in zwei Studien 1978 und 1982. Ihre Versuchspersonen, vier durchschnittlich attraktive Studenten und fünf ebensolche Studentinnen, näherten sich jeweils 16 potenziellen erotischen Partnern und stellten ihnen eine von drei Fragen:

»Hast du Lust, heute abend auszugehen?« – »Hast du Lust, mit zu mir zu kommen?« – »Hast du Lust, mit mir ins Bett zu gehen?«

Auf die erste Frage nach einem Date antworteten 50 Prozent der von einer Frau angesprochenen männlichen Personen mit Interesse, für 50 Prozent der von einem Mann angesprochenen Frauen war dies ebenfalls akzeptabel.

Schon Frage 2 entzweite die Geschlechter: Nur 6 Prozent der angesprochenen Frauen wollten einem Mann in seine Wohnung folgen, aber volle 69 Prozent aller Männer hätten die fragende Frau gerne zu Hause besucht.

Wobei die dritte dieser Fragen, welche natürlich die meiste Resonanz in den Berichten über das Experiment erhielt, die Positionen noch drastischer klarmachte. Wie, vermuten Sie, fiel das Ergebnis aus?

Richtig, alle angesprochenen Frauen lehnten empört ab, Trefferquote 0 Prozent. Und zwölf von 16 Männern, also 75 Prozent, nahmen sozusagen schwanzwedelnd an – die übrigen vier entschuldigten sich, weil sie sich gerade in einer festen Beziehung befanden und vermutlich den Ärger scheuten. Woraus wir lernen, dass alle Männer Schwei..., nein, sagen wir es so: Woraus wir lernen, dass die biologischen Rollen in der Natur unterschiedlich verteilt sind. Männer sollen möglichst viele Kinder zeugen und ihre Gene verbreiten, Frauen haben die Aufgabe, dafür zu sorgen, dass es sich auch um gute Gene handelt, weshalb sie stärker selektiv auswählen und mehr an der Dauerhaftigkeit einer Beziehung interessiert sind. Wer hätte das gedacht?

Russell Clark, Elaine Hatfield: »Gender Differences in Receptivity to Sexual Offers«, Journal of Psychology & Human Sexuality, Vol. 2(1) 1989

1984 – Die Berührung des Midas

Das Bedienungspersonal im Restaurant freut sich über Trinkgelder – besonders erfreut werden einige amerikanische Kellner und Kellnerinnen gewesen sein, als sich die Wissenschaft ihrer Sache annahm. Und zwar fragten sich April Crusco (University of Mississippi, Oxford/Mississippi) und Christopher Wetzel (Rhodes College, Memphis/Tennessee) 1984 in einer Studie, wie sich bestimmte Berührungen zwischen Gast und Bedienung auf die Höhe des Trinkgeldes auswirken. Zu diesem Zweck besuchten sie 114 Cafés und hielten den Erfolg der gastronomischen Interaktionen in Zahlen fest. Das Ergebnis: Schon eine leichte Berührung an der Schulter trieb das Trinkgeld um 18 Prozent in die Höhe. 37 Prozent mehr Trinkgeld waren fällig, wenn die Bedienung den Gast an der Handfläche berührte. Wie die Hand des König Midas vergoldete die eines Kellners oder einer Kellnerin deren Arbeit durch erhöhten Lohn. Offen ließen sie die Frage, welche anderen Kontaktstellen die jeweiligen Gäste noch freigebiger hätten machen können.

Auch wenn diese Art eines Experimentes auf den ersten Blick ungewöhnlich erscheint, so besteht doch ein erheblicher Zusammenhang zwischen körperlicher Nähe und dem Erfolg einer Handlung. Spätere Untersuchungen anderer Wissenschaftler zitieren diese Studie von Crusco und Wetzel, unter anderem in Veröffentlichungen über den Zusammenhang zwischen der Bereitschaft, finanzielle Risiken einzugehen, und der körperlichen Nähe zum Finanzberater.

> April H. Crusco, Christopher G. Wetzel: »The Midas Touch – The Effects of Interpersonal Touch on Restaurant Tipping«, Peronality and Social Psychology Bulletin, Dezember 1984
> Jonathan Levav, Jennifer J. Argo: »Physical Contact and Financial Risk Taking«, Juli 2009

1988 – Gorbatschow, der Antichrist

Robert W. Faid (1929–2008) aus Greenville, South Carolina, war zu Beginn seines Lebens Agnostiker und bis 1975 einer der besten Nukleartechniker seines Landes. Nach einer schweren Krebserkrankung wandte er sich dann aber dem christlichen Glauben und der Numerologie zu, der esoterischen Wissenschaft, die aus Zahlen Erkenntnisse über die Menschen, ihr Zusammenleben und die Welt überhaupt zu gewinnen versucht. Es ist nicht einfach zu erklären, wie Numerologie funktioniert, und deshalb nur so viel: Robert W. Faid fand heraus, dass Michail Gorbatschow mit einer exakten Wahrscheinlichkeit von 710.609.175.188.282.000 zu 1 der Antichrist ist – eine Erkenntnis, die in ihrer Bedeutung und Größe einfach sprachlos macht.

> Robert W. Faid: »Gorbachev! Has the Real Antichrist Come?«, Victory House, Juni 1988

1992 – Tödliche Country-Musik

Hatten Sie nicht schon immer vermutet, dass bestimmte Arten von Musik Menschen in den Wahnsinn treiben können? Sie persönlich denken da an die akustischen Bedrohungen aus dem Mutantenstadl? Irrtum, wirklich gefährlich ist vor allem Country-Musik, sie verursacht nicht nur psychische Störungen, sondern treibt Menschen in den Selbstmord, zumindest in den USA. Das jedenfalls fanden die beiden US-Forscher Steven Stack (Wayne State University) und Jim Gundlach (Auburn University) bei einer Untersuchung im Jahre 1992 heraus, indem sie den Zusammenhang zwischen Country-Musik und der Suizidrate in Metropolen untersuchten. Ihre These dabei: Country-Musik ist schlecht für die Stimmung, denn sie thematisiert Eheprobleme, den Missbrauch von Alkohol und die Belastungen durch entfremdete Arbeit und fördert dadurch eine suizidale Stimmung. Die Ergebnisse ihrer Erhebungen in 49 Ballungszentren: Je mehr Country-Musik von den örtlichen Medien ausgestrahlt wurde, desto höher lag die Selbstmordrate unter Weißen, und zwar unabhängig vom Beziehungs- und sozialen Status, von finanziellen Problemen oder der Verfügbarkeit von Waffen. Die Arbeit der beiden Forscher wurde 2004 mit dem Ig-Nobelpreis für Medizin belohnt.

Steven Stack, Jim Gundlach: »The Effect of Country Music on Suicide«, The University of North Carolina Press, Social Forces, September 1992, 71 (1): S. 211–218

1999 – Der unsichtbare Gorilla

Ist es verrückte Forschung, wenn jemand nachweist, dass Menschen teilweise blind sein können, nur weil sie mit einer einfachen Aufgabe betraut sind? Verrückt ist eigentlich eher, dass dieser Sachverhalt tatsächlich existiert. Daniel Simons von der University of Illinois und Christopher Chabris von der Harvard University demonstrierten in einem Experiment, dass ihre Versuchspersonen nahezu alles übersehen konnten, wenn ihre Aufmerksamkeit durch eine einfache Aufgabe in Anspruch genommen wurde – selbst eine Frau in einem Gorillakostüm. Die Versuchspersonen mussten auf einem Video zwei Basketballteams beobachten – eines davon schwarz gekleidet, das andere in weiß – und die Ballwechsel zählen. Etwa die Hälfte der Probanden nahmen eine Frau mit Regenschirm nicht wahr, die durchs Bild lief. Derselbe Anteil an Testpersonen bemerkte auch die Frau im Gorillakostüm nicht. Ein beunruhigendes Ergebnis, besonders dann, wenn man auf die Zeugen eines Verkehrsunfalls angewiesen ist. Zeigt es doch allzu deutlich, dass wir nur das sehen, worauf wir unsere Aufmerksamkeit richten...

Falls Sie es nicht glauben: Zeigen Sie das Video mit den Ballspielern auf YouTube (suchen Sie nach: selective attention test) doch einfach mal Bekannten und lassen Sie diese die Ballwechsel zählen – und dann gucken Sie mal, ob diese die Affen wahrgenommen haben.

D. J. Simons, C. F. Chabris: »Gorillas in Our Midst: Sustained Inattentional Blindness for Dynamic Events«, Perception, 28, 1999, S. 1059–1074

2004 – Der Superchip

Nein, hier geht es nicht um Computerbausteine, sondern um Kartoffelchips. Man sollte allerdings nicht glauben, dass diese beliebten Pausenfüller und Dickmacher in irgendeiner Weise etwas mit Wissenschaft zu tun haben, einmal abgesehen von den warnenden Erkenntnissen der Ernährungsberater.

Dr. Massimiliano Zampini und Professor Charles Spence, Leiter des fächerübergreifenden Forschungslabors am Institut für experimentelle Psychologie an der Universität Oxford, hatten keine Schwierigkeiten, Versuchspersonen für ihre Forschungen zu finden, denn es ging um Kartoffelchips. Wie auch die Autokonzerne am satten Klang der Türen ihrer Fahrzeuge arbeiten, so muss auch die Lebensmittelindustrie gewisse akustische Aspekte beachten – daher der Einsatz der Wissenschaftler.

20 Versuchspersonen mussten sich mit Kopfhörern in einem schalltoten Raum vor ein Mikrofon setzen und jeweils 180 Kartoffelchips verzehren, und zwar unter strengen wissenschaftlichen Vorgaben: Bei jedem einzelnen Chip wurde der Proband nach Frische und Knusperfaktor des Chips befragt, jedoch hörte der Versuchsteilnehmer nicht sein eigenes Essgeräusch, sondern eine elektronisch manipulierte Version über den Kopfhörer, die in Echtzeit eingespielt wurde. Die Versuchsteilnehmer nahmen das Geräusch als aus ihrem Mund kommend wahr und die Wissenschaftler konnten eine Steigerung durch ein entsprechend manipuliertes Geräusch von Frische und Knusperfaktor um 15 Prozent feststellen.

Nun könnte man sich fragen: Sollte man fortan beim Essen von Kartoffelchips Kopfhörer tragen, um das Geschmackserlebnis zu verbessern? Liefern die Hersteller die Knuspergeräuschquelle gleich mit? Der eigentliche Zweck der Studie von Spence und Zampini soll nicht der bessere

Verkauf von Kartoffelchips, sondern die Koordination der menschlichen Sinne und das bessere Genusserlebnis für Verbraucher gewesen sein. Schmecken, Riechen, Sehen, Hören und Fühlen sind miteinander verbunden und tauschen wechselseitig Informationen aus – auch über Kartoffelchips. Finanziert wurde das umfangreiche Experiment übrigens vom Unilever-Konzern, der sich sicher schon immer sehr für die menschlichen Sinne interessiert hat. Zur Entlastung muss aber gesagt werden: Die verwendeten, wunderbar standardisierten Chips – Pringles – werden nicht vom Unilever-Konzern hergestellt, sondern von Procter & Gamble.

> Massimiliano Zampini, Charles Spence: »The role of auditory cues in modulating the perceived crispness and staleness of potato chips«, Journal of Sensory Studies 2005

2006 – Wortverkürzungsinitiative

Die voluminöse Expansion gewisser subterraner Agrarprodukte ist irrational reziprok zur intellektuellen Kapazität des Agronomen – nein, meinte Daniel Oppenheimer von der Princeton University, es ist keineswegs so, dass geschwollene Reden den Sprecher oder Schreiber intelligenter erscheinen lassen. In seiner Forschungsarbeit »Consequences of Erudite Vernacular Utilized Irrespective of Necessity: Problems with Using Long Words Needlessly« wendet er sich gegen die Verwendung unnötig langer Worte und behauptet mit beachtlich komplexem verbalen Aufwand, dass Menschen, die sich einfacher auszudrücken verstehen, als intelligenter wahrgenommen würden. Große Worte lassen kleine Ideen nicht größer erscheinen ...

Oppenheimer, D. M.: »Consequences of Erudite Vernacular Utilized Irrespective of Necessity: Problems with using long words needlessly«, 2006, Applied Cognitive Psychology 20 (2): S. 139–156

2007 – Wirtschaftlich fruchtbar

Die Psychologen Geoffrey Miller und Brent Jordan von der University of New Mexico in Albuquerque werteten 5300 Lap Dances aus – Nachtleben im Dienste der Wissenschaft? Leider wurden diese wissenschaftlichen Daten nicht im persönlichen Kontakt vom attraktiven Gegenüber, sondern anonym über eine Website gesammelt. Zwei Monate lang dokumentierten dort Damen des Nachtlebens ihre Gewinne in Form von Trinkgeldern und ihren Status im Menstruationszyklus. Die erstaunlichen Ergebnissen: Während Lap Dancer, also die Damen, die bei Männern auf dem Schoß herumhüpfen, während der Phasen geringer Fruchtbarkeit nur etwa 260 US-Dollar pro 5-Stunden-Schicht an Trinkgelder erhielten, erreichten sie zur Zeit ihres Eisprung 335 US-Dollar. Während ihrer Menstruation waren es nur 185 US-Dollar. Die Männer wurden dabei offensichtlich durch weibliche Pheromone manipuliert, die sie zwar riechen, aber nicht bewusst wahrnehmen können.

Bei diesen Ergebnissen stellte sich Geoffrey Miller die Frage, ob Autoverkäuferinnen an bestimmten Tagen im Monat mehr Fahrzeuge an den Mann bringen können, ob eine von einer Frau geleitete Präsentation am richtigen Tag auf fruchtbareren (!) Boden fallen kann und ob Frauen Vorstellungsgespräche möglicherweise im Zusammenhang mit ihrem Zyklus terminieren sollten. Das eindeutige Ergebnis: ja! Miller und Jordan erhielten für diese Spitzenleistung den Ig-Nobelpreis 2008 für Wirtschaft.

Miller, G., Tybur, J., Jordan: »Ovulatory cycle effects on tip earnings by lap dancers: economic evidence for human estrus«, 2007, Evolution and Human Behavior, 28 (6), S. 375–381

2013 – Ganz schön blau

»Geh Bier holen, du wirst schon wieder hässlich!« Dieser frauenfeindliche Satz wird von einem Mann ausgesprochen, der betrunken ist – zwar nicht genug, um seine Partnerin attraktiv zu finden, aber immer noch ausreichend, um sich selbst für unwiderstehlich zu halten. Genau diesen Zusammenhang versuchten die Wissenschaftler Laurent Bègue, Oulmann Zerhouni, Baptiste Subra, Mehdi Ourabah und Brad Bushman in einem Experiment zu belegen. Es gelang ihnen darüber hinaus sogar noch zu beweisen, dass Menschen, die sich für betrunken halten, sich selbst als ausgesprochen attraktiv bewerten, ohne es zu sein.

Im ersten Teil des Experiments durften die Versuchspersonen tatsächlich Alkohol trinken. In der Tat: Je mehr sie sich hinter die Binde gossen, desto schöner und anziehender stuften sie sich ein. Bei Teil 2 des Experiments wurde an Alkohol gespart – nur die Hälfte der Probanden erhielt wirklich ein alkoholisches Getränk, die übrigen tranken Alkoholfreies in dem Glauben, sich ebenfalls zu berauschen. Auch ihr Bewusstsein der eigenen Schönheit wuchs in ihrem eingebildeten Rausch. Es könnte also sein, dass womöglich auch alkoholfreies Bier die Partnerin des alkoholgläubigen Machos viele Klassen schöner macht, wenn der Mann nicht weiß, was er da trinkt. Es käme auf einen Versuch an. Na, dann Prost!

Laurent Bègue, Brad J. Bushman, Oulmann Zerhouni, Baptiste Subra, Mehdi Ourabah: »Beauty Is in the Eye of the Beer Holder: People Who Think They Are Drunk Also Think They Are Attractive«, British Journal of Psychology, 15. Mai 2012

Ingenieure, Erfinder und andere Irre

Kariertes Hemd und ständig blau – der Typ studiert Maschinenbau! Die technischen Berufe haben unsere industrielle Zivilisation zwar erst möglich gemacht und im Falle Deutschlands das »Made in Germany« zu einem Markenzeichen werden lassen, trotzdem haben die Ausübenden unverdienterweise nicht den besten Ruf. Viele Pioniere in diesem Bereich opferten sogar ihr Leben für die Sache: Otto Lilienthal starb mit einem seiner Fluggeräte wie auch Franz Reichelt, der Erfinder des Fallschirms. Horace Hunley ging mit seinem ersten U-Boot unter wie auch der Konstrukteur der *Titanic* Thomas Andrews mit seinem Ocean Liner. Doch lohnte man ihnen ihren Einsatz nicht in gebührender Weise. Im Gegenteil: Der verrückte Professor, der verklemmt tüftelnde Ingenieur und der absonderliche Erfinder geistern als verwandte Figuren durch das kollektive Bewusstsein, und die Auflistung von ihnen geschaffener, unentbehrlicher technischer Geräte auf den folgenden Seiten wird das Renommee von Erfinder, Konstrukteur und Ingenieur nicht eben heben und ihren Beruf kaum seriöser erscheinen lassen. Zwischen Wahnsinn und Verstand ist oft nur eine dünne Wand, meint Disneys Erfinder Daniel Düsentrieb nicht zu Unrecht …

1903 – Schallplatten aus Schokolade

Eigentlich war nicht die Schokolade, sondern ihre Verpackung der Tonträger, als die Gebrüder Stollwerck 1903 in England »Schallplatten aus Schokolade« auf den Markt brachten. Sie wurden auf einem relativ kleinen Gerät namens »Eureka Chocolate Phonograph« abgespielt, die Rillen für den Tonarm waren in das silberne Stanniolpapier gepresst, in die weiche Schokoladenmasse hätte sich die Nadel zu tief eingegraben. Die Schokoplatten hatten nicht die Größe einer normalen Schallplatte aus Schellack oder Vinyl, sondern eher die Maße eines Schokoladentalers und wurden natürlich nach dem Hörerlebnis aufgegessen. Der Schokoladen-Phonograph wurde von einem Junghans-Uhrwerk angetrieben, der »Plattenteller« hatte nur 7,6 cm im Durchmesser und am Tonarm eine Nadel aus Glas. Leider waren die Abspielgeräte sehr empfindlich und waren, da sie natürlich häufig von Kindern bedient wurden, recht schnell defekt. Eine stabilere Version, die 1904 auf den Markt kam, fand nur etwa 5 000 Käufer – die Schokolade ohne Musik hatte eindeutig mehr Anhänger.

Die geniale Idee wurde in den 1980er-Jahren von dem Berliner Erfinder Peter Lardong wiederbelebt, der sich zunächst an skurrilen Tonträgern zum Beispiel aus Wurst oder Käse versucht hatte, in der Schokolade aber das geeignete Material fand. Er soll in Kooperation mit einem Schokoladenhersteller 60 000 Singles hergestellt haben.

Seit 2006 stellt die Berliner Schokoladenmanufaktur Wohlfarth Schokolade neben anderen leckeren Produkten auch süße Tonträger her, unter anderem mit Titeln von Heintje, Trude Herr und den Comedian Harmonists. Die Scheiben können auf einem gewöhnlichen Plattenspieler abgespielt werden, sollten aber zunächst im Kühlschrank die nötige Härte erhalten. Auch hier gilt: Genug gehört? Tonträger verspeisen!

1909 – Das Amphibocycle

Ein weiteres Mal besiegt menschlicher Erfindergeist die Elemente: Hier überquert ein Mensch, wahrscheinlich der Erfinder dieses Gerätes, trockenen Fußes die Seine – die Franzosen hatten es schon damals drauf. Leider war über den Erfinder dieses großartigen Gerätes nicht mehr herauszufinden, doch dieses Foto setzt ihm ein angemessenes Denkmal für eine technische Leistung, die zwar nicht im Wasser, aber letztlich doch im Strom der Zeit unterging.

1915 – Boot mit Stiefeln

Völlig einsichtig, dass eine solche Erfindung nur aus den Niederlanden stammen kann, denn Wasser ist dort überall. Das aufblasbare Gummiboot mit eingebauten Stiefeln ist für Sportfischer und Jäger gedacht, die sich nicht nur sicher auf dem Wasser fortbewegen, sondern auch einmal einen Fuß auf den Grund bekommen wollten. Dieses wunderbare Hilfsmittel für Outdoor-Aktivitäten wird vor allem beim Verlassen des Wassers für große Heiterkeit unter allen Zuschauern gesorgt haben. Vermutlich sieht man es deshalb heute so selten.

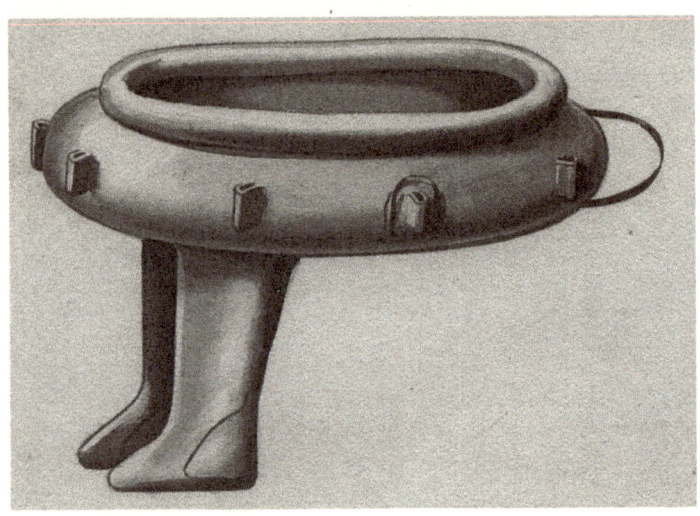

1917 – Der bewaffnete Helm

Womit schießt der Soldat, wenn er gerade keine Hände frei hat? Mit der Helmpistole natürlich! Die in den Helm eingebaute Schusswaffe ließ sich ein Amerikaner namens Albert Bacon Pratt im Jahre 1917 patentieren, und unter der Patentnummer 1183492 kann man sich heute noch die Beschreibung des Erfinders ansehen. Wie die Waffe funktionierte? Der Soldat, der mit seinen Händen vielleicht gerade einen gegnerischen Kollegen massakrierte und deshalb nicht zur Waffe greifen konnte, richtete die Helmwaffe mithilfe einer Zielvorrichtung aus und pustete dann in einen Schlauch.

Damit betätigte er den Abzug und streckte so einen weiteren Feind nieder. Riskierte der Schütze keine schwere Wirbelsäulenverletzungen bis hin zum Genickbruch durch den Rückschlag der Waffe, noch verstärkt durch die Hebelwirkung ihrer hohen Anbringung, fragt sich der besorgte Leser? Keineswegs, denn ein Federmechanismus im Helm sollte die Rückschlagswirkung perfekt ausgleichen.

Warum konnte sich eine so sinnvolle Erfindung nicht durchsetzen? Vermutlich haben sich die Soldaten schon während eines Manövers totgelacht oder versehentlich gar gegenseitig erschossen.

1921 – Schnelle Kommunisten

Weil die neuen Machthaber in der Sowjetunion an den Fortschritt der Technik glaubten und schnell durch das riesige Land reisen wollten, entwickelte der erst 26-jährige Russe Valerian Abakovsky ein Schienenfahrzeug mit Propellerantrieb, den Aerowagon. Propeller und Motor stammten von einem Flugzeug, die erreichte Geschwindigkeit war beachtlich: mehr als 100 km/h. Eine erste Testfahrt von Moskau nach Tula und zurück am 24. Juli 1921 sollte die Qualitäten des Fahrzeugs demonstrieren. Die Hinfahrt nach Tula verlief problemlos, doch auf der Rückfahrt entgleiste das Fahrzeug. Sechs Insassen starben, darunter Valerian Abakovsky und Fyodor Sergeyev, ein Freund Josef Stalins. All diese frühen Technikopfer wurden würdevoll an der Kremlmauer, quasi zu Füßen der russischen Regierung, bestattet.

1921 – Radio von Kindesbeinen an

Während wir heute noch überlegen, ab welcher Altersstufe wir unsere Kinder mit technischen Neuerungen konfrontieren sollten, hatten unserer Vorväter in dieser Hinsicht weniger Bedenken. Der Kinderwagen mit eingebautem Radioempfänger, Antenne und Lautsprecher wird auf der Straße so manche rückschrittliche Eltern beeindruckt haben. Allerdings dürfte die Auswahl der Sender begrenzt gewesen sein, und ein Programm zur frühkindlichen Bildungsoptimierung war wohl auch nicht darunter.

1924 – Der Sicherheitsbadeanzug

Die Zahl der Gefahren ist groß, wenn sich ein zartes weibliches Wesen zum Baden in die Fluten des Meeres stürzt – so die Einschätzung der Männerwelt in den 1920er-Jahren. Dieser Badeanzug aus elegant gebogenen Holzbrettern schützte nicht nur vor dem Ertrinken, sondern auch vor dem etwaigen Aufprall auf harte Steine bei gewagten Sprüngen vom Steg. Außerdem bissen sich daran Haie und andere gefräßige Meeresbewohner die Zähne aus. Und nicht zuletzt: Sagt eine solche Sicherheitskleidung nicht jedem Strandgigolo schon von Ferne: Finger weg, diese Dame steht unter dem besonderen Schutz eines genialen Erfinders? Und wer weiß, welche verblüffenden Schnapp- und Abwehrmechanismen noch darunter verborgen sind ...

1924 – Rettet die Fußgänger!

Das Automobil war auf seinem Siegeszug nicht zu bremsen – im wahrsten Sinne des Wortes. Zahllose Fußgänger wurden Opfer des immer aggressiver werdenden Straßenverkehrs. Da, endlich, war sie da, die Erfindung, die sicher Hunderttausenden das Leben gerettet hat! Hatte die Dampflokomotive im Wilden Westen einen Kuhfänger, so kam das französische Automobil nun endlich mit dem Fußgängerfänger auf den Markt.

1926 – Die Brücke für immerdabei

Sicher kennen Sie das ja vom Vatertagsausflug: Man wandert feuchtfröhlich durch die Landschaft, und da: Plötzlich steht man unvermittelt vor einem Bach oder Fluss, den man nicht trockenen Fußes überqueren kann. Was nun? Springen und möglicherweise hineinfallen? Umkehren und die Wanderung noch vor ihrem alkoholischen Höhepunkt beenden? Wenn man doch jetzt nur eine handliche Brücke dabeihätte! Die von den Niederländer L. Deth entwickelte Ziehharmonika-Brücke lässt sich mühelos auf einem Handwagen transportieren. Und den hat man ja ohnehin dabei.

1929 – Sicher durch den Schneesturm

Alle Jahreszeiten haben ihre Tücken. Im tiefsten Winter lernen Sie schon eine davon kennen, wenn Sie sich zu Fuß von der Haustür bis zum Auto bewegen müssen: aggressive Schneeflocken. Es tobt ein Schneesturm und die Flocken, winzige eiskalte Geschosse, fliegen Ihnen auf fast waagerechter Flugbahn ins Gesicht. Wie wollen Sie sich dagegen wehren? Einen Schirm entreißt ihnen der Wintersturm sofort und für eine Abwehr mit der Hand sind es einfach zu viele. Sie können nichts weiter tun, als die Unbilden des Wetters ertragen. Irrtum! Eine geniale kanadische Erfindung aus dem Jahre 1929 lässt die angreifenden Flocken wirkungslos abprallen ...

1931 – Das Radio im Hut

Aktuelle Nachrichten und unterhaltsame Musik immer dabei? Kein Problem mit dem Radio-Hut. Erst dieses Accessoire rundete in den 1930er-Jahren die modische Erscheinung des fortschrittlichen Herrn wirklich ab, medientechnisch ein würdiger Vorläufer von Walkman, iPod und Smartphone.

1931 – Endlich mal was Warmes!

Mittagspausen ohne eine handfeste Mahlzeit waren endlich vorüber: Der Heiße-Würstchen-Automat lieferte das, was der werktätige Mensch sich am meisten wünscht: Der Apparat verabfolgt – wie es die Aufschrift sagt – Würstchen. Einfach Geld einwerfen, die Kurbel fünfmal drehen, und schon kann man die Wurst entnehmen. Beheizt wurde das Gerät vermutlich mit dem Abwasser des ersten Atomkraftwerkes oder drinnen saß ein gentechnisch miniaturisierter Koch.

1932 – Mit dem Fahrrad übers Wasser

Immer dieselben Spaziergänge im Stadtpark? 1932 wertete eine besondere Erfindung die Möglichkeiten für Freizeitaktivitäten in ganz Europa auf und stillte ein Verlangen, von dem die meisten Menschen bisher überhaupt noch nichts geahnt hatten. Danke, Ingenieurskunst! Mit bis zu 120 Pfund, so hieß es, konnte das französische Wasserfahrrad Cyclomer beladen werden und fortan konnte man nicht nur auf Wegen, sondern auch durch Seen und Teiche radeln. Der Herr auf dem Bild dürfte allerdings mehr als 120 Pfund auf die Waage bringen und wegen Übergewichtes vermutlich abgesoffen sein.

1934 – Der Stretch-Caravan

Besonders bei den Mediengrößen unserer Tage sind Stretchlimousinen als Ego-Verstärker beliebt. In vergangenen Jahrzehnten ging man noch einen Schritt weiter: Der von einem französischen Ingenieur entworfene Stretch-Caravan war eine geniale Erfindung. Musste er transportiert werden, so schoben sich seine drei Segmente zusammen. Am Einsatzort gewann man deutlich an Lebensraum, indem man den Wohnwagen wieder auseinanderzog. Das Fahrzeug ermöglichte bei schlechtem Wetter sogar Indoor-Jogging.

1936 – Die Lesebrille für Liegende

Es war der australische Philosoph und Computerpionier Charles Leonard Hamblin (1922–1985), Professor für Philosophie an der Technischen Universität von New South Wales, Sydney, der die Welt mit dieser Erfindung beglückte. Wie konnte man überhaupt im Bett lesen, bevor die »Hamblin glasses« erfunden waren? Ja, es ging, aber mit ständig angestrengtem Nacken. Entspannt hingegen kommen die Buchstaben über Spiegel ins Auge des liegenden Lesers, wenn er eine Hamblin-Brille trägt. Eine verrückte Erfindung? Keineswegs, denn ein Nachfolgeprodukt, bestückt mit Prismen, wird bis zum heutigen Tag auch über den Onlinehandel verkauft.

1938 – Der Todesschuss mit Erinnerungsfoto

Das kann wohl nur amerikanischen Waffennarren passieren: Da erschießt man schon mal wen und kann sich nachher nicht mehr daran erinnern ... Schluss mit Erinnerungslücken machte der in New York erfundene 38er Colt, der zu jeder abgefeuerten Patrone ein Foto lieferte. Der Abzug der Waffe war zugleich der Auslöser der Kamera. Vermutlich gab es drei Modi: Kugel und Bild, Bild ohne Kugel und kein Bild, keine Kugel, wenn man vergessen hatte, den Film einzulegen.

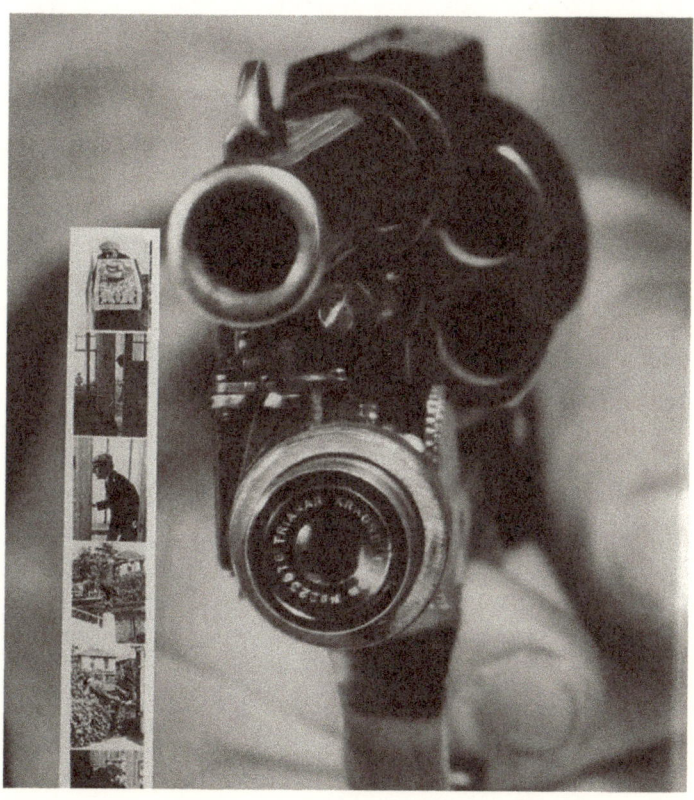

1950 – Die Kaffeemaschine fürs Auto

Hierbei handelt es sich vermutlich um eine Erfindung von Wissenschaftlern aus dem Bereich des Ingenieurwesens für Wissenschaftler aller Fakultäten: Schon auf dem Weg zum Institut oder zur Vorlesung befeuert frisch gebrühter Kaffee den Geist jedes noch etwas verschlafenen Kopfmenschen auf die angenehmste Art und Weise. Die Kaffeemühle befindet sich wahrscheinlich im Kofferraum.

1953 – Das Um-die-Ecke-Gewehr

Das Böse lauerte auch in den 1950er-Jahren hinter jeder Straßenecke, und seine Bekämpfung war nicht einfach. Warum sollten aufrechte Gesetzesdiener ihr Leben in Gefahr bringen? Das Um-die-Ecke-Gewehr räumt mit dem Verbrechen auf, ohne dass irgendjemand von den Guten gefährdet wird. Auf die Idee, mit einem Spiegel auf dem Lauf nachzuschauen, wer da möglicherweise mit Blei vollgepumpt werden könnte, kam der Erfinder dieser Superwaffe offenbar nicht. Erst schießen, dann nachschauen, wen es erwischt hat. Dieses Um-die-Ecke-Gewehr ist übrigens nicht das erste und einzige seiner Art und es sollte auch nicht das letzte sein: Bereits die deutsche Wehrmacht verfügte über ein sogenanntes Krummlauf-Gewehr, die Truppen der UdSSR und der USA taten es ihr mit eigenen Konstruktionen nach, und auch noch in heutiger Zeit fasziniert die mörderische Idee: In Israel setzen Spezialeinheiten Um-die-Ecke-Waffensysteme ein und auch China hat gerade ein solches Gerät entwickelt, um bei Terroreinsätzen und Geiselbefreiungen die Oberhand zu gewinnen.

1954 – Damit das Rauchen so richtig Spaß macht

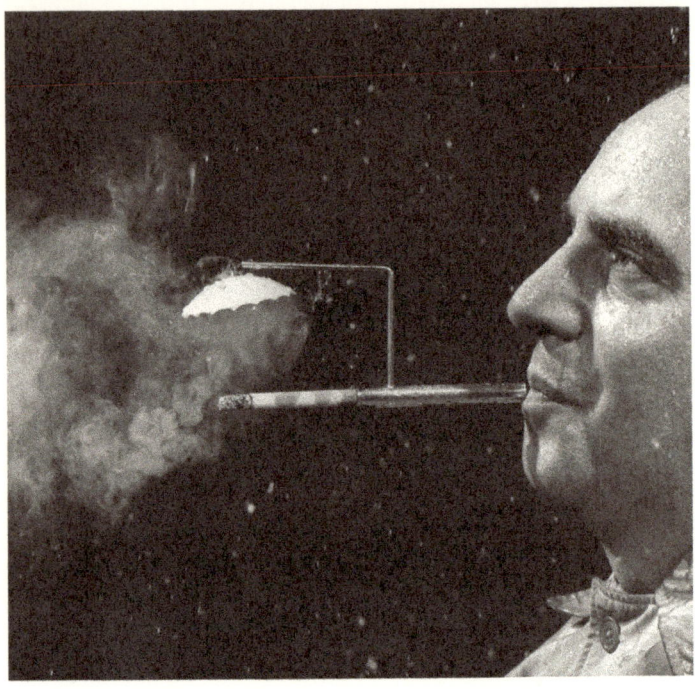

Eine Erfindung, die Raucher unserer Tage sicherlich begrüßen würden, wenn sie mal wieder in einer Regennacht vor der Kneipe stehen müssen. Sie stammt schon aus den 1950er-Jahren, aus einer Zeit, die sich offenbar in vielfältiger Weise um das Wohlergehen ihrer Raucher kümmerte. Zahlreiche Erfindungen dokumentieren das auf eindringliche Weise wie zum Beispiel auch die Mehrfach-Zigarettenspitze aus dem Jahre 1955:

Wozu immer wieder in die Packung greifen? So hat man den gesamten Zigarettenvorrat für den Tag immer griffbereit und kann auch, wenn das Bedürfnis nach Nikotin allzu stark wird, mit dem Entzünden mehrerer Zigaretten reagieren. Kettenraucher freuen sich über die Raucherkette, mit der man mühelos ein paar Schachteln mehr wegrauchen kann – um danach vermutlich zuerst die Toilettenschüssel und dann einen Arzt zu konsultieren.

1955 – Das Küssometer

Was man nicht alles messen kann! Wichtige Messdaten erhalten Wissenschaftler der 1950er-Jahre mithilfe dieser genialen Erfindung. Die Testpersonen mussten einfach die Maschine knutschen, und schon konnte man das Küssogramm tiefenpsychologisch deuten. Ob dabei schwelende Geisteskrankheiten entdeckt wurden, ist nicht bekannt.

1960 – Das Luft-Dekolleté

Irgendein bedeutender, aber leider schwierig zu ermittelnder Erfinder muss sich zu Beginn der 1960er-Jahre intensive Gedanken über das weibliche Dekolleté und seine Möglichkeiten gemacht haben, und als er diese Gedanken dann in eine Erfindung mit luftunterstützter Hebelwirkung einfließen ließ, griff das US-Modeunternehmens Frederick's of Hollywood zu und sorgte für pralle Schönheit im Ausschnitt. Unzufriedene Kundinnen erhielten ihr Geld zurück. Ob sich diese Erfindung durchgesetzt hat, lässt sich schwer sagen, denn man kann ja nicht forschend nachschauen, was wo und wie gehoben und besonders günstig präsentiert wird, obwohl sich vermutlich ganze Heerscharen von nicht ausreichend ausgelasteten Wissenschaftlern dafür zur Verfügung stellen würden. Ein Vorläufer dieses Produktes war übrigens der Wonderbra aus dem Jahre 1935, eine geniale Konstruktion des Designers Israel Pilot mit diagonal verlaufendem Schulterträger, was in Zeiten des Zweiten Weltkriegs knappen Elastikstoff einsparen half. 1941 wurde dieses Modell für Israel Pilot patentiert – es kam ganz ohne Luft aus.

1963 – Die Hochsicherheitsaktentasche

Eine Lösung für ein drängendes Problem im gefährlichen Großstadtdschungel fand 1963 der Erfinder John H. T. Rinfret: die Hochsicherheitsaktentasche. Sie ist nicht etwa gebaut wie ein Safe, sondern schreckt Diebe durch das genaue Gegenteil ab: Wird sie dem Besitzer entrissen, löst sie sich quasi vollständig auf und ihr gesamter Inhalt fällt zu Boden. Somit sind diese wertvollen Gegenstände dann vor kriminellem Zugriff geschützt – äh, wenn man es sich recht überlegt, eigentlich doch nicht ...

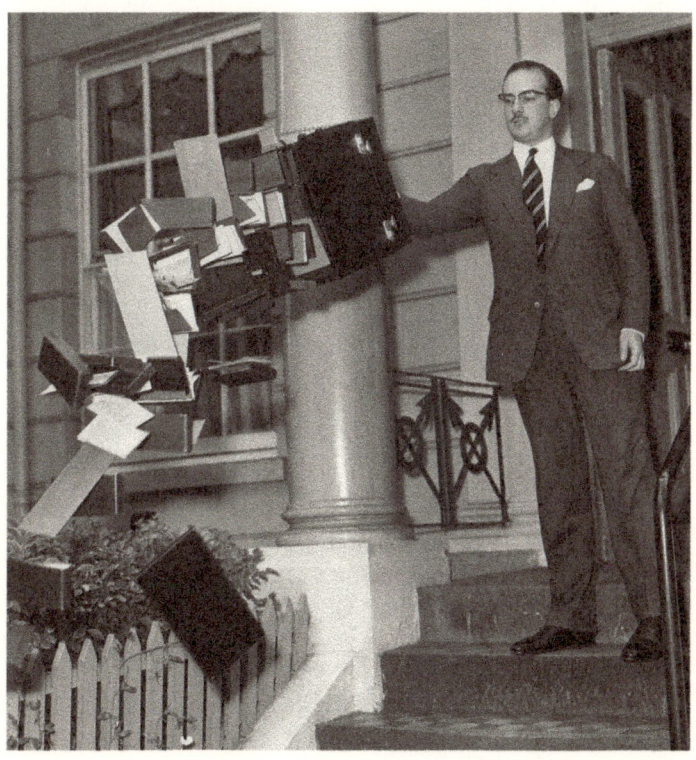

1963 – Leuchtende Autoreifen

Was tun bei schlechten Lichtverhältnissen in abgelegenen Stadtvierteln? Vielleicht war dies die Fragestellung des genialen Erfinders, dem die 1960er-Jahre die leuchtenden Pneus verdanken. Möglicherweise fragte er sich aber einfach auch: Wie finde ich meinen Autoschlüssel möglichst einfach wieder, wenn er mir mal wieder heruntergefallen ist und ich ihn unter das Auto gekickt habe? Oder: Wie kann ich Frauen gut beleuchtet beobachten, wenn sie etwas an ihrer Kleidung richten müssen? Vermutlich konnte sich der beleuchtete Reifen nur nicht durchsetzen, weil Strumpfbänder aus der Mode kamen.

1964 – Der batteriebetriebene Gummibusen

Was vermisst ein Kleinkind am meisten, wenn Muttern einmal nicht zu Hause ist? Richtig, die angenehm warme und weiche Milchquelle, die auch Vati so gerne mag, wenn sie im Kinderzimmer mal gerade nicht gebraucht wird. Und was kann man dagegen tun? Ein japanischer Wissenschaftler hat doch allen Ernstes einen weichen Gummibusen erfunden, damit sich einsame Babys in ihren Bettchen nicht so allein fühlen. Das Gerät täuscht nicht nur die Formen, sondern auf den Herzschlag der Mutter vor. Wie kindgerecht!

1968 – Das Tomatometer

Wenn wir schon einmal bei der Frage »Verrückt oder nicht?« sind: Science-Fiction-Autor und Sektengründer L. Ron Hubbard erfand in den 1960er-Jahren ein Gerät, um das Schmerzempfinden von Tomaten messen zu können. Er fand heraus, dass Tomaten es ganz und gar nicht mögen, wenn sie in Scheiben geschnitten werden. Anschließend wendete er das Gerät bei Menschen an (denen es ja, was die Scheibenform angeht, ähnlich geht) und erfand die Scientology. Offen bleibt die Frage, ob man ihn zu den guten oder bösen wahnsinnigen Wissenschaftlern zählen will.

1972 – Klappe zu!

Wie viele Flugzeugpassagiere hätten schon bei Flugzeug-
entführungen problemlos gerettet werden können, wenn
das geniale Patent von Gustano Pizzo (1927–2006) in alle

Verkehrsflugzeuge eingebaut worden wäre? Betritt der Flugzeugentführer die Pilotenkanzel, so wird deren hinterer Teil auf Knopfdruck abgetrennt. Im Boden dieses Bereichs öffnen sich dann Falttüren, der Entführer fällt hinab und landet in einer eiförmigen Kapsel im unteren Teil des Flugzeugs. Für den Fall, dass der Entführer eine Bombe am Körper trägt, kann diese Kapsel nun auch noch wie durch einen Bombenschacht abgeworfen werden und schwebt an einem Fallschirm zum Boden herab. Hunderte zu allem entschlossene Extremisten wären im Laufe der Jahrzehnte durch die Klappe gefallen, sofern sich der Trick nicht auch bei ihnen herumgesprochen hätte ... Eine überragende Erfindung!

> US Patent #3811643, Gustano A. Pizzo, »Anti hijacking system for aircraft«, 21. Mai 1972

1973 – Der fliegende Pinto

Henry Smolinski gab seine Anstellung beim führenden amerikanischen Flugzeughersteller Northrop 1968 auf, um eine eigene Firma zu gründen, die Advanced Vehicle Engineers. Getrieben wurde er von dem Wunsch, ein fliegendes Auto zu konstruieren. Da er nicht ganz von vorn anfangen wollte, verwendete er Teile einer Cessna Skymaster, die er auf einen Ford Pinto montierte. Es sollte sogar möglich sein, Flugzeug und Auto wieder zu trennen, wenn der Weg des Besitzers über die Straße führen sollte. Die Konstruktion hob sich tatsächlich mehrfach in die Lüfte, nur war die Verbindung zwischen den Teilen offenbar nicht sonderlich stabil. 1973 brach eine Flügelbefestigung, das Flugobjekt stürzte in die Tiefe – das Ende von Henry Smolinski und Harold Blake, seinem Testpiloten.

1976 – Schutz vor Flugzeugentführungen

Was tun gegen Terrorismus? Wir hatten ja gerade die Sache mit der Klappe ... Schwamm drüber! Maßnahmen auf dem Flughafen können helfen, aber nicht immer lässt sich verhindern, dass es einem Attentäter gelingt, in ein Flugzeug einzusteigen. Für einfache und preiswerte Abhilfe sollte eine Erfindung von Sai Kheong Kwan aus Singapur sorgen: Alle Passagiere müssen vor dem Betreten des Flugzeuges ihre Hände in abschließbare Metallkugeln stecken, die zwar das Greifen mit Daumen und Zeigefinger ermöglichen, aber so beschaffen sind, dass niemand, der sie trägt, eine Waffe greifen und bedienen kann. Immerhin ließe die Konstruktion zu, dass die Träger während des Fluges essen, trinken, schreiben, ihre Sicherheitsgurte öffnen und schließen und die Toilette benutzen können. Der Schlüssel wird im Gepäck der Passagiere versteckt, erst nach der Landung können sie Ihre Hände wieder befreien. Diese Idee wurde unter US 3835673 A als »Anti-Skyjack Device« patentiert. Allerdings: Wer einen Sicherheitsgurt öffnen und schließen kann, der müsste doch auch dazu in der Lage sein, einen Sprengstoffgürtel oder eine Bombe im Laderaum zu zünden ... Wir können also weiterhin ohne Handschuhkugeln fliegen.

1986 – Der BH im Atomkrieg

Auf die Idee zum »Emergency Bra«, dem Büstenhalter für atomare Notfälle und folglich einem überaus lebensrettenden Kleidungsstück, kam Elena Bodnar, einer aus der Ukraine stammende Medizinerin an der Universität von Chicago, als sie 1986 als Helferin bei der Reaktorkatastrophe von Tschernobyl tätig war. Im Ernstfall kann das weibliche Kleidungs-

stück in zwei Gasmasken verwandelt werden, eine Einsteck-
tasche für ein Strahlenmessgerät ist ebenfalls vorhanden.
Was auf den ersten Blick wie eine verrückte Idee aussieht,
hätte in Tschernobyl eine echte Hilfe sein können: Frauen
hätten sich und ihre Kinder vor dem Einatmen von radioakti-
vem Staub schützen können.

Elena Bodnar entwickelte das Kleidungsstück gemeinsam
mit Raphael C. Lee und Sandra Marijan. In den heutigen,
auch nicht mehr ganz sicheren Zeiten haben Frauen mit einer BH-Größe zwischen 70 C bis 90 D die Möglichkeit, für
nur 29,99 Dollar eine Art Lebensversicherung für sich und
ihre Liebsten unter der Bluse zu tragen. Sollte es nicht gleich
wieder zum Super-GAU oder zum Atomkrieg kommen, ist
der eBra auch bei Feuersbrünsten, Anschlägen mit Biowaf-
fen, drohenden Virusinfektionen oder bei Sommersmog ein
ebenso eleganter wie unentbehrlicher Helfer. Zudem ist er
bei bis zu 60 °C voll waschbar.

2010 erhielten die Forscherin und ihre Mitarbeiter den
Ig-Nobelpreis für ihre Tat. Bei der Verleihung des Preises begeisterte sie das Publikum durch eindrucksvolle Vorführungen der Funktion dieser lebenswichtigen Unterwäsche und
soll gesagt haben: »Ist es nicht wunderbar, dass Frauen zwei
Brüste haben, nicht nur eine? Wir können nicht nur unser
eigenes Leben retten, sondern auch das eines uns naheste-
henden Mannes unserer Wahl.« Überhaupt ist die Übergabe
des Preises ein öffentliches Ereignis erster Wahl, dokumentiert bei YouTube, und der eBra hat natürlich seine eigene
Internetseite: http://ebbra.com. Die zwei b im Link stehen
dort vermutlich, weil Frauen ... Sie wissen schon.

U.S. patent # 7255627, granted August 14, 2007 for a
»Garment Device Convertible to One or More Face-
masks«

1995 – Hunde, unten nicht ohne

Hundehalter wissen das: Nicht kastrierte Rüden sind eine Plage, tendieren dazu, jedes Weibchen zu bespringen und jeden anderen Rüden in eine blutige Beißerei zu verwickeln. Also muss man sie kastrieren. Aber danach stimmt nichts mehr so richtig. Wie sieht das denn aus, ein schlanker und muskulöser Rüdenkörper, fast schon ein Kunstwerk, und dann fehlen unten die Ei... eigentlich ist das nicht wirklich schön, da müsste man doch was machen können...

Das dachte sich wohl auch Gregg A. Miller aus Oak Grove, Missouri, als sein Bloodhound Buck kastriert werden sollte, und machte sich, praktisch, wie Amerikaner aus Missouri denken, sofort an die Erfindung von Neuticles – Hodenimplantate für den kastrierten Hund. Er ging das Problem gleich in der richtigen Dimensionen an, stellte ein Team von Tierärzten ein, entwickelte eine Operationsmethode, die er CTI (Canine Testicular Implantation) nannte, und investierte insgesamt schlappe 500 000 US-Dollar. Am 21. Dezember 1995 war es so weit: Max, der neun Monate alte Rottweiler eines Police Officers, erhielt die ersten kommerziellen Neuticles.

Die Erfindung wurde – auch artübergreifend – ein Welterfolg: Nach Auskunft von www.neuticles.com tragen heute 500 000 Hunde, Katzen, Pferde, Bullen und andere Tierarten in allen US-Staaten und 49 Nationen die extrem männlichen Prothesen. Es gibt sie in verschiedenen Ausführungen, Größen und Härtegraden, preislich liegen sie etwa zwischen 129 US-Dollar für den kleinen Hund und 649 US-Dollar für den ausgewachsenen Bullen, jeweils im Doppelpack, versteht sich. Miller erhielt übrigens 2005 den Ig-Nobelpreis für Medizin für seine Leistungen.

Gregg A. Miller: »Going. Going. Nuts! The Story Had to Be Told«, America Star Books, Februar 2005

2001 – Runde Sache – längst fällig!

Bestimmte einfache Werkzeuge und Hilfsmittel sind Gemeingut, sozusagen *public domain*, könnte man annehmen. Niemand käme heute auf die Idee, sich zum Beispiel den Hebel oder die Rolle oder den Faustkeil oder ein ähnliches seit Urzeiten in Gebrauch befindliches Werkzeug patentieren zu lassen. Wirklich nicht? Der Patentanwalt John Keogh aus Hawthorn, Victoria (Australien), hat – das Rad zum Patent angemeldet. Das australische Patentamt stellte ihm am 24. Mai 2001 allen Ernstes das Patent #2001100012 auf ein »zirkulares Transport-Ermöglichungsgerät« aus. Der Anwalt hatte allerdings nicht vor, von jedem Besitzer eines oder mehrerer Räder Patentgebühren zu kassieren, sondern wollte lediglich demonstrieren, dass man sich in Australien so gut wie alles patentieren lassen kann, seit ein neues Patentgesetz gilt.

2005 – Hartnäckiger Helfer

Sie verschlafen regelmäßig – trotz Wecker? Wie machen Sie das? Sie stellen den Wecker einfach ab und schlafen weiter, nehme ich an. Oder Sie reagieren auf seine wiederholten Weckversuche aggressiv und beschädigen womöglich sogar das Gerät. Das muss nicht sein, denn dank der MIT-Studentin Gauri Nanda gibt es ja Clocky, den rollenden Wecker, der wegläuft, sich versteckt und immer weiter Alarm schlägt, damit sein Besitzer auch wirklich aus dem Bett kommt. Gauri Nanda wurde für diese Leistung 2005 mit dem Ig-Nobelpreis für Wirtschaftswissenschaften belohnt, denn schließlich sorgte sie ja dafür, dass so mancher Arbeitnehmer nicht mehr regelmäßig verpennt. Clocky ist überall zu haben und hat das Unternehmen Nanda Home und seine Erfinderin vermutlich auch noch etwas reicher gemacht. Verrückte Ideen lohnen sich eben.

2007 – Die Löffelwaage oder der Waagelöffel

Erstaunlich: Ein solches praktisches Multifunktionsgerät, unentbehrlich wie ein Schweizer Taschenmesser, wurde nicht etwa von einem MacGyver der 1950er-Jahre erfunden – ein Patent für Löffel und Waage in einem beantragten die Herren Rudolf Bayerl, Willich, Deutschland, und Ho Wai Ming in Hongkong, China, erst 2007 unter der Veröffentlichungsnummer EP1752745 A1. Digitale Löffelwagen sind heute übrigens in zahlreichen Modellen erhältlich. Menschen, die auf ihr Gewicht achten müssen, nutzen sie gern: Da weiß man wenigstens, was man sich so alles reinschiebt.

2009 – Spinnenziege? Ziegenspinne?

In mancher Hinsicht ist uns die Natur weit überlegen. Spinnenseide zum Beispiel übertrifft Kunstfasern und sogar Stahldrähte in Reisfestigkeit und Elastizität bei sehr geringem Gewicht. Auch für medizinische Zwecke ist Spinnenseide ideal, denn sie verursacht keine Immunreaktion und fördert den Heilungsprozess. Auch Flugzeugbauer träumen von solch einem Material.

Allerdings dürfte es schwierig sein, Spinnen als Nutztiere zu halten und regelmäßig zu »melken«. Sie werden sicher lieber ihre eigenen Netze bauen, als den Plänen menschlicher Ausbeuter zu folgen. Dementsprechend gibt es nur sehr wenige textile Stücke aus Spinnenseide. 80 Menschen haben zum Beispiel auf Madagaskar über vier Jahre lang Spinnenseide von etwa einer Million Spinnen gesammelt und verarbeitet, bis sie einen 335 auf 122 Zentimeter messenden goldenen Teppich herstellen konnten, dessen Wert auf ungefähr 500 000 US-Dollar geschätzt wird. Er wurde 2009 für mehrere Monate im American Museum of Natural History in New York ausgestellt.

Was ist also zu tun, um an die rare Spinnenseide in größerer Menge zu gelangen?, fragten sich US-Forscher. Sie fanden einen ebenso überraschenden wie genialen Umweg über – die Ziege. Biotechnologen um Professor Randy Lewis von der University of Wyoming bauten ein bestimmtes Spinnen-Gen in das Erbgut der Ziegen ein, das Lewis isolieren konnte. Die Spinnenseide kam dann allerdings nicht in dickem Strahl aus dem Euter, sondern fand sich aufgelöst in der Milch der weiblichen Tiere. Sie konnte daraus extrahiert und später versponnen werden. Die erhaltene Faser besaß einige Eigenschaften der natürlichen Spinnenseide, allerdings nicht ihre volle Reißfestigkeit. Später gingen Lewis und sein Team auf die Nutzung von Bakterien über. Heute arbeiten sie an der Utah State University. Es gibt noch viel zu tun, denn die besten bisher hergestellten künstlichen Fasern sind zwar so stark wie Kevlar, erreichen aber die Qualität von Spinnenseide noch nicht einmal zur Hälfte. Bis zum Spinnenstahl ist es noch ein weiter Weg.

2011 – Kugelsichere Haut

Sie haben soeben etwas über Randy Lewis, genmanipulierte Ziegen und die wunderbaren Eigenschaften von Spinnenseide gelesen. Eine erste Anwendung dieser wunderbaren Faser versuchte 2011 die holländische Künstlerin Jalila Essaidi gemeinsam mit besagtem Randy Lewis in einem spektakulären

Projekt: Sie entwickelten kugelsichere Haut. Menschliche Hautzellen wurden mit Spinnenseide verwoben, die Lewis aus der Milch der bereits erwähnten Ziegen gewonnen hatte. Ein drastischer Haltbarkeitstest hatte ein beeindruckendes Ergebnis: Ein Projektil aus einer Long Rifle Kaliber 22 konnte die Mensch-Spinnen-Haut nicht durchdringen, allerdings nur, wenn die Kugel zuvor schon durch einen Gelatineblock ein wenig von ihrer Durchschlagskraft verloren hatte. Man kann auch sagen, dass das Experiment eigentlich ein Flop war. Geschickter wäre es gewesen, eine weniger leistungsfähige Waffe zu wählen. Immerhin versprach das Kunst-Forschungsteam, an der Optimierung ihres Produkts zu arbeiten. Der durch Kugeln unverwundbare Soldat lässt wohl noch eine Weile auf sich warten.

1915 hatte übrigens schon ein Amateurforscher namens Percy Terry eine Salbe entwickelt, die nach mehrmaligem Auftragen die Haut eines Menschen so härten sollte, dass ihm Kugeln nichts mehr anhaben konnten. Percy Terry sah einen riesigen Markt für sein Produkt auf den Schlachtfeldern des Ersten Weltkrieges, hatte allerdings noch ein Hindernis zu überwinden: Er musste die Wirksamkeit seiner Salbe durch einen Test belegen. Die Aussicht auf ein Leben als Multimillionär vor Augen, entschied er sich für einen Selbstversuch, über dessen dramatischen Verlauf die *Los Angeles Times* berichtete. Er feuerte vier Schüsse auf seinen Kopf ab, der letzte riss ihm den Unterkiefer weg und raubte ihm das Bewusstsein. Immer noch von der Wirksamkeit seiner Erfindung überzeugt, verstarb er im County Hospital.

DeBruin, L.: »Utah researcher helps artist make bulletproof skin« Associated Press, 21. August 2011
»His skin not bullet-proof«, Los Angeles Times, 30. August 1915

2015 – Japan kann es noch besser

Schweizer Messer sind ja so praktisch! An der Spitze dieser Produkte stand bisher ein Produkt einer Schweizer Firma, ein Messer namens Giant mit 141 unterschiedlichen Funktionen, 24 cm breit und 3,2 kg schwer zum Verkaufspreis von etwa 850 Euro. Doch Japans Erfindergeist wollte mehr, ein Messer, in dem alle für den alltäglichen Gebrauch nötigen Werkzeuge für Heimwerker und Profi vereint sind: Hammer, Harke, Hacke, Spaten usw. Der einzige Nachteil des Riesentaschenmessers: Es ist ungefähr 1,30 m lang und wiegt gute 30 kg.

Kunst, Esoterik, Alltag und Angrenzendes

Uninformierte Laien glauben, dass in der Kunst Genie und Wahnsinn Hand in Hand gehen: Maler mit abgeschnittenen Ohren, Aktionskünstler, die auf offener Bühne Schweine schlachten, Fettecken als Kunstwerke, man kennt das ja. Es ist aber schlimmer: Genie und Wahnsinn sind immer und überall auf das Engste verknüpft, wie dieses Kapitel beweisen wird. Denn beherzte Gelehrte sind bereits angetreten, den Wahnsinn im Alltag zu dokumentieren, in den Untiefen der Parawissenschaften zu fischen, in den Weiten des Weltalls nach Erkenntnis zu suchen oder aber auch, um die Hintergründe der so wenig greifbaren menschlichen Kreativität zu erforschen. Sie wissen ja mittlerweile, wie so etwas endet: Die Damen und Herren Forscher produzieren häufig selbst neue und überaus beeindruckende oder manchmal auch verstörende Kunstwerke des menschlichen Geistes ...

1991 – Intelligentes Wasser

Der französische Mediziner Jacques Benveniste (1935–2004) glaubte, dass ganz gewöhnliches Wasser eine Art Gedächtnis habe. Diesen Effekt wollte er nutzen, um mithilfe hochgradig verdünnter Antigene die für die Körperabwehr wichtigen weißen Blutkörperchen zu beeinflussen. Er behauptete, einen positiven Effekt in dieser Richtung in einem Versuch bewiesen zu haben. Das renommierte Wissenschaftsmagazin *Nature* veröffentlichte 1988 sogar einen Bericht darüber.

Intelligentes Wasser, das sich an vergangene Ereignisse »erinnerte«, deren Spuren längst verwässert, also verwischt waren? Eine wunderbare Vorstellung. Andere Forscher versuchten daraufhin, Benvenistes Resultate zu reproduzieren, scheiterten aber (natürlich) daran, auch wenn die homöopathische Fraktion ihnen fest die Daumen gedrückt hatte. Auch Jacques Benveniste selbst konnte seine Ergebnisse in keinem späteren Versuch wiederholen.

Reproduzierbar oder nicht: Benvenistes Experimente zu Beginn der 1990er-Jahre toppte der Forscher noch mit der Behauptung, dass sich diese rätselhaften, im Wasser enthaltenen Informationen sogar über Telefonleitungen oder das Internet übertragen ließen. Damit fing er sich den zweiten Ig-Nobelpreis ein – den ersten hatte er bereits für seine 1991er-Leistungen erhalten. Spätestens zu diesem Zeitpunkt hatte er auch das letzte wissenschaftliche Renommee verloren, aber immerhin konnte er nun mit der lukrativen Vermarktung von »belebtem Wasser« und Geräten zur Wasserbelebung für einen esoterischen Kundenkreis beginnen.

Benveniste J., Jurgens P, Hsueh W. & Aissa J.: »Transatlantic Transfer of Digitized Antigen Signal by Telephone Link«, Journal of Allergy and Clinical Immunology –

Program and abstracts of papers to be presented during
scientific sessions AAAAI/AAI.CIS Joint Meeting 21.
bis 26 Februar 1997

1993 – UFO-Reisen

Manche Menschen schwören Stein und Bein, dass sie von
Außerirdischen entführt und dabei seltsamen körperlichen
Untersuchungen und Manipulationen unterzogen wurden.
Ihr größtes Problem nach der Reise ins All oder zum Alien-
Raumschiff: Kein Mensch glaubt ihnen. Halt, doch: Der Psychologe John E. Mack (1929–2004) von der Harvard Medical
School in Cambridge, Massachusetts, und David M. Jacobs
von der Temple University in Philadelphia, Pennsylvania,
erarbeiteten eine Studie mit Menschen, die glaubten, von
Aliens entführt worden zu sein, und nahmen deren Berichte
tatsächlich für bare Münze. Mehr noch: Ihr genialer wissenschaftlicher Blick durchschaute die miesen Außerirdischen
und ihre Motivationen sofort: Nachwuchs produzieren, vermutlich für eine Invasion ...

Anfangs hatte Mack bei den entführten Personen einen
psychischen Defekt vermutet, doch da es seiner Meinung
nach zahlreiche Beweise für die Authentizität der Berichte gab, entwickelte er sich zu einem wahren Verfechter der
UFO-Theorien und veröffentlichte ein Buch über das Ab-
duktionsphänomen. Die etablierten Wissenschaftler an der
Harvard-Universität zweifelten daraufhin an der Seriosi-
tät seiner Arbeit und versuchten, ihn seiner Lehrfunktion
zu entheben. Das Verfahren, das sie gegen ihn angestrengt
hatten, wurde nach 14 Monaten beendet. Ihm konnten weder fachliche Fehler noch moralisch-ethische Verfehlungen
nachgewiesen werden.

John E. Mack: »Abduction. Human Encounters With Aliens«, Scribner, Boston 1994

2001 – Kunst auf die Minute genau

Schon 1985 hatte sich Albert Boime (1933–2008), Professor für Kunstgeschichte an der University of California, intensiv mit einem Bild von Vincent van Gogh befasst und festgestellt, dass die »Sternennacht« präzise die Himmelskonstellation vom 19. Juni 1889 um 4:00 Uhr morgens wiedergibt, gesehen aus dem Fenster von van Goghs Zimmer in Saint-Rémy-de-Provence in Frankreich. Der Maler hatte keineswegs seiner Fantasie freien Raum gelassen, sondern den Sternenhimmel und vor allem die Position von Venus und Mond akkurat wiedergegeben.

Zu Beginn des 21. Jahrhunderts wollte ein Wissenschaftler die Entstehungszeit von Van Goghs Gemälde »Weißes Haus bei Nacht« in ähnlicher Weise akkurat bestimmen, und wieder war es die Venus, welche half, das Bild zu datieren und den Entstehungszeitpunkt relativ genau festzulegen. Sie strahlt deutlich hervorgehoben als einzelner Stern am Himmel des französischen Anwesens in der Abenddämmerung. Donald W. Olson, ein Astrophysiker an der Texas State University, reiste mit einer Arbeitsgruppe nach Auvers-sur-Oise, suchte und fand das Weiße Haus, positionierte sich genau an der Stelle, welche der Maler bei der Arbeit eingenommen haben musste, und berechnete dann aus diesen Fakten und aus der Position des Morgensterns auf dem Bild Datum und Uhrzeit der Entstehung: 16. Juni 1890, 19 Uhr. Zwar legt der Schattenwurf der Objekte auf dem Bild eine Entstehung am Nachmittag nahe, doch Olson nimmt an, dass dieser Teil des Bildes am späten Nachmittag gemalt und der Sternenhimmel nach dem Einsetzen der Dämmerung fertiggestellt wurde. Erst zu diesem Zeitpunkt war Venus überhaupt am Himmel zu erkennen.

Olson und seine Kollegen an der University of Texas machten sich auch um die exakte Festlegung weiterer Kunstwerke in Malerei und Literatur verdient. Bei einem anderen Bild von Vincent van Gogh, dem Gemälde »Abendlandschaft bei Mondaufgang«, stellten sie sogar den Entstehungszeitpunkt auf die Minute genau fest: 13. Juli 1889, 21:08 Uhr.

Donald W. Olson: »Celestial Sleuth. Using Astronomy to Solve Misteries in Art«, History and Literature, Springer, New York 2013, S. 94–97

2003 – Die alltägliche Störung

Dieser Wissenschaftler knüpft dort an, wo der Laie im Alltag oft genug Forschungsbedarf sieht. Werden die Jugendlichen nicht immer frecher? Gibt es nicht immer mehr Falschparker? Ignorieren nicht immer mehr Radfahrer rote Ampeln? John W. Trinkaus von der Zicklin School of Business, New York, sammelte und quantifizierte in akribischer Kleinarbeit alles, was ihm auffiel, kategorisierte und katalogisierte seine Ergebnisse und verfasste mehr als 100 wissenschaftliche Arbeiten darüber. Wie hoch ist der Prozentsatz von Jugendlichen, die ihre Basecap falsch herum tragen? Er lag Mitte der 1990er-Jahre zwischen 10 Prozent und 40 Prozent. Wie viele Autofahrer missachten ein bestimmtes Stoppschild in der Nähe der Wohnung von Trinkaus? Er beobachtete und dokumentierte die Vergehen an diesem neuralgischen Punkt im Straßenverkehr über insgesamt 15 Jahre.

Weitere Forschungsgegenstände: Wie viel Prozent Träger von Sportschuhen tragen weiße? Welcher Prozentsatz von Studenten mag keinen Rosenkohl? Wie oft werden bestimmte Reizwörter in politischer Werbung benutzt? Wie häufig kommt es vor, dass Autofahrer mobil telefonieren? Wie lange wartet man durchschnittlich in einer Arztpraxis? Wie viele Kunden überschreiten die maximale Anzahl von Artikeln an Expresskassen im Supermarkt? Trinkaus verfasste gleich vier Studien über die weihnachtlichen Besuche von Kindern beim Supermarkt-Santa-Claus und deren emotionale Folgen. Weitere Forschungsgegenstände: leere Supermarkteinkaufswagen und ihre Rückführungsquote, Schnee auf Fahrzeugdächern, die Augenhöhe von Fahrzeugführern, die Fahrkünste von Frauen in Vans, der Behindertenanteil bei den Kandidaten von Fernsehshows (0 in 58 Shows), Verstöße gegen das Parkverbot in Feuerwehrzufahrten von Supermärkten und vieles mehr. Es scheint kaum etwas zu geben, was John W. Trinkaus noch nicht untersucht hat.

Im Jahr 2003 wurde er mit dem Ig-Nobelpreis für Statistik ... nein, für Literatur ausgezeichnet.

J. Trinkaus: »Stop Sign Dissenters: An Informal Look«, Perceptual and Motor Skills, Vol. 89, No. 3, Teil 2, Dezember 1999, S. 1193 f.

J. Trinkaus: »Buzzwords in Campaign 2000 as Possible Rank Index of Contemporary Social Issues: An Informal Look«, Psychological Reports, Vol. 88, No. 2, April 2001, S. 365 f.

J. Trinkaus: »Compliance With the Item Limit of the Food Supermarket Express Checkout Lane: Another Look«, Psychological Reports, Vol. 91, No. 3, Teil 2, Dezember 2002, S. 1057 f.

J. Trinkaus: »Shopping Center Fire Zone Parking Violators: An Informal Look«, Perceptual and Motor Skills, Vol. 95, No. 3, Teil 2, Dezember 2002, S. 1215 f.
J. Trinkaus: »Honesty when lighting Votive Candles in Church: An Informal Look«, Psychological Reports, Vol. 94, No. 3, 2004

2014 – Monet oder Picasso?

Wie Shigeru Watanabe, Junko Sakamoto und Masumi Wakita, Wissenschaftler an der Universität Keio in Tokio, zu ihrer wissenschaftlichen Fragestellung kamen, dürfte schwer zu klären sein. Die Kunstkenntnis von Tauben scheint aber in Japan einen gewissen Wert für die Lebensqualität und das menschliche Befinden zu besitzen, sonst wären diese Forschungen über die komplexen kognitiven Fähigkeiten wohl dieser Vögel ziemlich sinnlos. Naheliegender wäre es vielleicht gewesen, endlich herauszufinden, wie sich Brieftauben orientieren – ganz genau ist das nämlich immer noch nicht geklärt.

Sei es, wie es ist: Die Forscher zeigten den Tauben einen vollen Monat lang »schöne« und »hässliche« Bilder, die Schüler im Kunstunterricht angefertigt hatten. Was »schön« und was »hässlich« zu nennen war, hatten die Lehrer und eine Kontrollgruppe zuvor festgelegt. Immer wenn die Tauben auf eines der schönen Bilder pickten, sprang dafür eine Belohnung für sie heraus, bei hässlichen Machwerken gab es nichts. Die Tauben lernten sehr schnell und pickten bald immer richtig. Dabei war ihnen die Qualität der Kunstwerke sicher völlig egal, aber sie wussten: Wenn ich hierauf mit dem Schnabel zeige, geben mir diese blöden Menschen Futter, keine Ahnung, warum. Sicher werden Hunderte von

Kunstlehrern in Japan überlegt haben, sich endlich von der anstrengenden Fronarbeit der Bewertung von Kinderzeichnungen zu befreien, und zu diesem Zweck ein paar Tauben angeschafft haben.

Aber Shigeru Watanabe, Junko Sakamoto und Masumi Wakita gingen noch weiter: Bei nachfolgenden Versuchen mussten die Tauben Impressionismus und Kubismus unterscheiden, vertreten durch bestimmte Bilder der Maler Claude Monet und Pablo Picasso. Auch hier gab es Körner für Kunst, wobei den Tauben wohl nicht gesagt wurde, was nun gut und was schlecht sei. Die Tauben lernten, für welches Meisterwerk welches Verhalten erwartet wurde.

Wer nun denkt, die Tauben hätten sich die einzelnen Bilder gemerkt und sie quasi »auswendig gelernt«, der wird womöglich verwundert reagieren: Nein, die Tiere konnten auch noch nicht gezeigte Motive der beiden Maler recht gut der richtigen Stilrichtung zuordnen, das heißt korrekt picken. Mehr noch: Als weitere Maler ins Spiel kamen, sahen die Flattertiere die Bilder von Cézanne und Renoir in einer Linie mit Monet, während sie Braque und Matisse eindeutig mit Picasso in Verbindung brachten. Erstaunlicherweise ordneten die Tauben auch auf dem Kopf stehende expressionistische Bilder richtig ein, was ihnen bei impressionistischen Meisterwerken jedoch nicht gelang.

Shigeru Watanabe, Junko Sakamoto, Masumi Wakita: »Pigeons' Discrimination of Paintings by Monet and Picasso«, Vol. 63, Issue 2, S. 165–174, März 1995, Journal of the Experimental Analysis of Behavior

2015 – Wissenschaft, wenn sie schiefgeht

Unter dem Hashtag #FieldWorkFail beschreiben Wissenschaftler, was geschieht, wenn während der Feldarbeit etwas nicht ganz so läuft, wie es laufen sollte.

Da fotografiert der Evolutionsbiologe Tony Gamble eine niedlich anzusehende Spinne und lässt sie wieder laufen. Kurz darauf stellte er fest, dass sie der Forschung völlig unbekannt ist und er somit eine neue Art entdeckt hat – sechs Richtige für einen Wissenschaftler, wenn … Ja, wenn er sie genau hätte beschreiben können. Aber der achtbeinige Lotteriegewinn war längst über alle Berge.

Der US-amerikanische Paläontologe Trevor Valle verschluckte bei einem Hustenanfall ein wertvolles Fossil, weil er durch Lecken feststellen wollte, ob es sich nur um ein Steinchen oder ein wertvolles Fundstück handelt. Tiermediziner ringen in Afrika mit nur unvollständig betäubten Wildtieren, eine Kamera filmt statt des Hergangs eines psychologischen Experiments die Zimmerdecke, Mantarochen werden doppelt mit Sendern ausgestattet oder Forscher kleben sich besagte Sender mit Superkleber selbst an die Finger statt an die Versuchstiere, Krokodilforscher versenken ihr Boot, und das gleich mehrfach, ein Jaguar verfolgt wochenlang eine Forscherin, weil sie gegen einen Markierungsbaum in seinem Revier gepinkelt hat. Klingt lustig, war es aber nicht.

Diese und ähnliche Ereignisse lockern den Alltag des Forschers in unterhaltender Weise auf und erfreuen vor allem das Herz von uns wissenschaftlichen Laien.

#FieldWorkFail

Epilog

Der frei schweifende menschliche Geist hat alle Möglichkeiten, kann alle Wege beschreiten, alle Objekte der Wirklichkeit miteinander kombinieren und so Neues schaffen – doch nur das Genie findet abseits der ausgetretenen Pfade des akademischen Alltags neue, verlockende Routen und kann dabei Irrwege erkennen und vermeiden. Doch manchmal ist dies nur möglich, wenn jemand mutig die ersten Schritte auf einem solchen Irrweg gewagt hat, dabei in ein gewaltiges methodisches Fettnäpfchen getreten ist, von einer fetten Slapsticktorte seiner Fakultätskollegen getroffen wurde oder die rauchenden Ruinen eines Labors zurückgelassen hat. Wir danken allen mutigen Forschern, Entdeckern und Innovatoren für ihr selbstloses und edelmütiges Handeln und hoffen, dass sie ihre Forschungen weiter vorantreiben werden. Nur so kann es irgendwann in der Zukunft zu einem zweiten Band mit neuen wissenschaftlichen Katastrophen, Flops, Skurrilitäten und erzählenswerten Versuchskonstellationen kommen – so in 200 bis 300 Jahren.